中国主要数学書の誕生と日本の数学

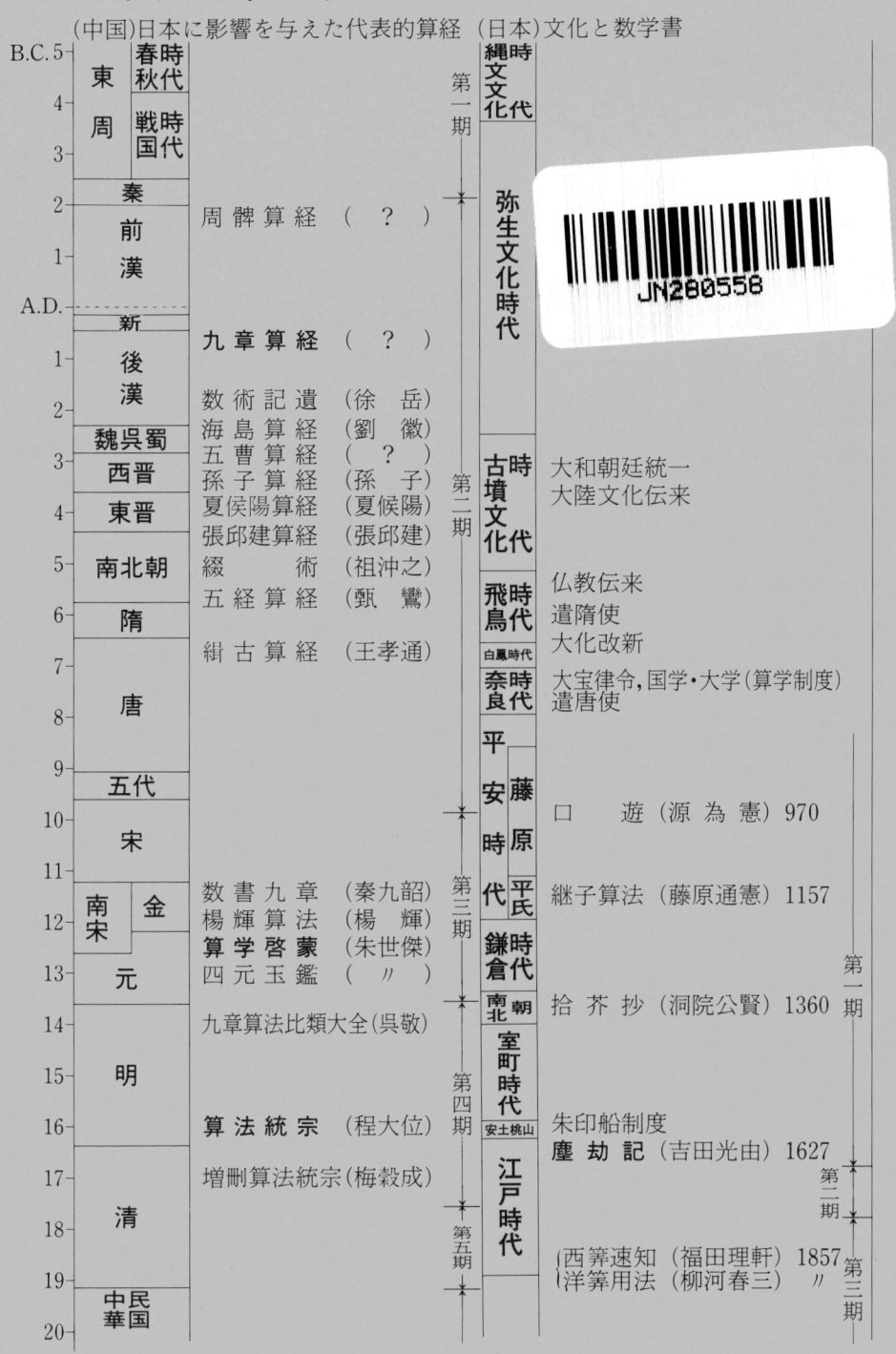

	(中国)日本に影響を与えた代表的算経	(日本)文化と数学書

年代	中国王朝	中国算経(著者)	期	日本時代	日本文化・数学書
B.C.5	東周／春秋時代		第一期	縄文文化時代	
4	東周／戦国時代				
3					
2	秦／前漢	周髀算経（　？　）		弥生文化時代	
1	前漢				
A.D.	新				
1	後漢	九章算経（　？　）			
2	後漢	数術記遺（徐　岳）			
3	魏呉蜀／西晋	海島算経（劉　徽） 五曹算経（　？　） 孫子算経（孫　子）	第二期	古墳文化時代	大和朝廷統一 大陸文化伝来
4	東晋	夏侯陽算経（夏候陽） 張邱建算経（張邱建）			
5	南北朝	綴　　術（祖沖之）			
6	隋	五経算経（甄　鸞）		飛鳥時代	仏教伝来 遣隋使 大化改新
7	唐	緝古算経（王孝通）		白鳳時代／奈良時代	大宝律令，国学・大学(算学制度) 遣唐使
8	唐				
9				平安時代／藤原時代	
10	五代／宋				口　遊（源為憲）970
11	宋				
12	南宋／金	数書九章（秦九韶） 楊輝算法（楊　輝） 算学啓蒙（朱世傑）	第三期	平氏時代／鎌倉時代	継子算法（藤原通憲）1157
13	元	四元玉鑑（　〃　）			
14	元	九章算法比類大全(呉敬)		南北朝／室町時代	拾芥抄（洞院公賢）1360
15	明		第四期	室町時代／安土桃山	
16	明	算法統宗（程大位）			朱印船制度 塵劫記（吉田光由）1627
17	清	増刪算法統宗(梅穀成)		江戸時代	
18	清		第五期		
19	清／中華民国				西算速知（福田理軒）1857 洋算用法（柳河春三）〃
20	中華民国				

第一期／第二期／第三期（江戸時代右側区分）

"和算"を訪ねて日本を巡る

東海道五十三次で数学しよう

仲田紀夫

黎明書房

この本を読まれる方へ

　本書は私の『数学探訪』の1冊で，これまでの外国数学と異なり日本独特の数学紹介ですから何か記念になる日から出発しよう，と考えました。

　自動車でも列車でも，動き出すときには大変なエネルギーが必要ですが，本を書くときも，資料の山と練りに練った計画書とを前にし，それをニラミながら，"サーテ，いつから書き始めるかな"と出発の日に迷うものです。

　こうして夏休みの始めの数日間雑用を片づけているうちに，
「'88年8月8日と8続きの日は100年に一度」
という新聞記事が目にとまり，本書の執筆開始をこの日と決めました。さらにもっと8が並ぶように当日は机の上に秒針のある時計を置き，"'88年8月8日午前8時8分8秒"の瞬間から書き始めたしだいです。つまり8が7つ並んだのです。

　ナゼ，こんなタワイもないことにこだわったのかといえば，「数学を学ぶには，数にこだわることから始めるという姿勢が大切なのだ」ということをいいたかったからです。

　さて，これまでの本では，数学を誕生させ，発展させた各民族，各国を数学を通して紹介しましたが，では，日本はどうであったのか？　日本人が300年の年月をかけて創造した日本独特の数学を"和算"といいますが，これはある意味では世界の水準まで到達した大変素晴らしい学問であったのです。

　しかし，明治5年の学制発布後の新しい公教育（学校）で教

える算数・数学は，洋算主義となり，その延長として，いまの学校で使われている算数・数学の教科書もいわゆる欧米数学です。その意味では〝和算〟は消滅してしまいましたが，教科書の中にある問題などにその面影を見ることもできますし，日本の燦然(さんぜん)とした文化の１つとして見えないところで，その伝統，精神が受け継がれているでしょう。

いま，国際時代を迎え，外国と親交をもつとともに日本人は改めて日本を見直すときがきたともいえるわけで，あなたもまた，日本人特有の，しかも特殊な発展のしかたをもった〝和算〟について立派な知識をもつように努力してください。

ともかく，「日本人は独創性がない。猿真似民族だ」といわれる中に，かつては優れた独創性があったことを知り，大いに奮起することも必要かと思います。これを説いたのが第Ⅰ部です。

Ⅱ部は，ある意味では付録パズルですが，江戸時代のものの考え方，庶民生活，旅行記録を示す代表的な『東海道中膝栗毛(とうかいどうちゅうひざくりげ)』の中に，算数・数学に関するものも多く発見し，その面から当時の人たちの生活が想像されることを紹介したものです。

温故知新の心で，本書を読んでください。

'88年8月8日8時8分8秒執筆始め

著　者

追記　〝和算〟誕生・発展地の京都に，強い関心をもっていた私に，合計約30日間滞在する研究機会がありました。その１は埼玉大学附属中学校長のおり修学旅行付添いで３回，その２は府立嵯峨野高校新設エリート・コースの特別講師６年間10回の計13回です。今回の新装版では，少し手を加え新しい写真も挿入したりなどして，新鮮なものとしました。(平成18年8月8日)

この本の読み方について

　本書では，このシリーズになかった2つの特徴があります。
　その1つはⅠ部，Ⅱ部という2種類の構成からできていること。本書に登場する『塵劫記(じんこうき)』や和算書，あるいは『東海道中膝栗毛』などは，いずれも古い書物ですから，現代とは異なるかな遣い，表現，文章です。しかし，それをそのまま用いたところがある，というのがもう1つの点です。
　後者については，文を現代風に変えることは，たいして手間のかかることではありませんが，それでは当時の雰囲気が十分に読者に伝えられないだろうと考えたからです。〝ここは——〟というところはできなるだけ原文のままとしました。
　意味，内容がつかめないときは，何度も読み直したり，前後の文，内容から想像したり，あるいは辞書，事典をひいたりして読破してください。その方が中味を深く掘りさげられ，おもしろさも倍増するでしょう。
　また，Ⅰ部の各章の終りには，〝できるかな？〟があります。
　本書では『塵劫記』や和算書から問題をとり出しましたので，昔の人に負けずに挑戦してください。
　Ⅱ部では25話の各話すべてが奇・偶数ページを1組とし，パズル的問題があります。あなたも弥次(やじ)・喜多(きた)になったつもりで，問題解決をしながら先へ進み，紙上の旅行を楽しんでください。

目　次

　　この本を読まれる方へ………… I
　　この本の読み方について……… 3
　　各章に登場する数学の内容…… 8

第Ⅰ部　和算探訪──すばらしい日本の数学──

1　「ヒ・フ・ミ」と「イチ・ニ・サン」………… 11

　　1　日本の昔……………………………………… 11
　　2　数の数え方…………………………………… 15
　　3　大きな数〝八〟……………………………… 18
　　4　乗法九九と唱え方…………………………… 20
　　♪　できるかな？………………………………… 22

2　奈良・平安時代の数学………………………… 23

　　1　大宝律令と算道，算博士…………………… 23
　　2　名著『九章算経』と算経十書……………… 28
　　3　算置(さんおき)と算籌(さんちゅう)…………………………… 35
　　4　数学遊戯いろいろ…………………………… 39
　　♪　できるかな？………………………………… 49

目　次

3　和算と『塵劫記』……………………… 50

1　開祖 "毛利重能"……………………… 50
2　毛利門弟の活躍……………………… 54
3　吉田光由と『塵劫記』……………… 55
4　『塵劫記』の主な内容……………… 59
ƒ　できるかな？………………………… 64

4　算聖 "関孝和" と門弟たち…………… 65

1　人間 "関孝和"………………………… 65
2　和算の系譜…………………………… 68
3　和算の内容…………………………… 71
4　関流と他流派………………………… 78
ƒ　できるかな？………………………… 80

5　和算発展と三大特徴…………………… 81

1　日本文化 "道" の特徴……………… 81
2　参勤交代と文化移動………………… 83
3　遊歴算家の活躍……………………… 85
4　解法競争の3種……………………… 87
ƒ　できるかな？………………………… 96

6　奇人・変人の和算家逸話 …………… 97

  1　佐渡の突出人〝百川治兵衛〞…………… 97
  2　浪人好き〝久留島義太〞………………… 99
  3　愛宕山数学試合〝藤田と会田〞………… 103
  4　磊落開放〝日下誠〞……………………… 106
  ♪　できるかな？…………………………… 108

7　和算から洋算へ ………………………… 109

  1　寺子屋，藩学校の勉強内容……………… 109
  2　和算から洋算へ………………………… 115
  3　日本人の数学障害物……………………… 119
  4　数学大国〝日本〞………………………… 125
  ♪　できるかな？…………………………… 126

第Ⅱ部　東海道五十三次パズル
—— 弥次・喜多〝数学〞珍道中 ——

東海道五十三次と『東海道中膝栗毛』……… 130
〔第1話〕　お江戸日本橋七ツ立ち…　——日本橋—— 131
〔第2話〕　じばでのってくんなさい　——川崎—— 133
〔第3話〕　旅人を取つかまえ！　——程谷・戸塚—— 135
〔第4話〕　大福町と算盤橋………　——藤沢—— 137
〔第5話〕　上方にはやる五右衛門風呂　——小田原—— 139

目　次

〔第6話〕　箱根八里は馬でも越す ……　——箱根——　141
〔第7話〕　お月様のとし ………………　——三島——　143
〔第8話〕　『塵劫記』じゃァうりましない　——吉原——　145
〔第9話〕　高野六十の婆々 ………………　——蒲原——　147
〔第10話〕　馬士と旅人の会話 …………　——江尻——　149
〔第11話〕　川越人足のこと ……………　——府中——　151
〔第12話〕　いっぺいおこはに… ——岡部・藤枝——　153
〔第13話〕　越すに越されぬ大井川 ……　——島田——　155
〔第14話〕　はなやの柳じゃァあるめへし　——日坂——　157
〔第15話〕　二一天作の八 ………………　——見付——　159
〔第16話〕　ゆうれいとおもひしじゅばん　——浜松——　161
〔第17話〕　乗合船にうちのる… ——舞坂・新居——　163
〔第18話〕　猿丸太夫さまが御酒を下さる　—白須賀—　165
〔第19話〕　坊主持にしょふじゃァねへか　——御油——　167
〔第20話〕　馬糞がくらはれるものか…　——赤坂——　169
〔第21話〕　おめへ一生の出来だぜ ……　——岡崎——　171
〔第22話〕　やみげんこ …………………　——宮——　173
〔第23話〕　くしゃみから長郎だ ………　——四日市——　175
〔第24話〕　わっちゃァ，十返舎一九 ……　——関——　177
〔第25話〕　被の御所女中にかつがれる　—三条大橋—　179

♪　"できるかな？"などの解答 ………………………　181

イラスト：三浦均・筧都夫
9，13，26，35頁の写真：風俗博物館（京都）にて

各章に登場する数学の内容（第Ⅰ部）

章　名	おもな数学の内容	
	中学校の内容	ややレベルの高い内容，他
1　「ヒ・フ・ミ」と「イチ・ニ・サン」	○数詞 ○2進法の数 ○数学の語呂	
2　奈良・平安時代の数学	○漏刻（ろうこく） ○図形の名称 ○文章題 ○まま子立て	○中国の算経と内容 ○数列 ○2進法のゲーム
3　和算と『塵劫記』	○ソロバン ○『塵効記』の内容 ○油分け算，薬師算	
4　算聖〝関孝和〟と門弟たち	○連立方程式 ○算額の数	○和算とその内容 ○不定方程式 ○最大問題
5　和算発展と三大特徴	○数学文化 ○算額の内容 ○免許制	
6　奇人・変人の和算家逸話	○数学試合	
7　和算から洋算へ	○寺子屋 ○数学学習の障害物 ○数学の用語と記号	○藩学校 ○数学用語の変遷

第Ⅰ部

和算探訪
―― すばらしい日本の数学 ――

その昔，奈良・平安時代から

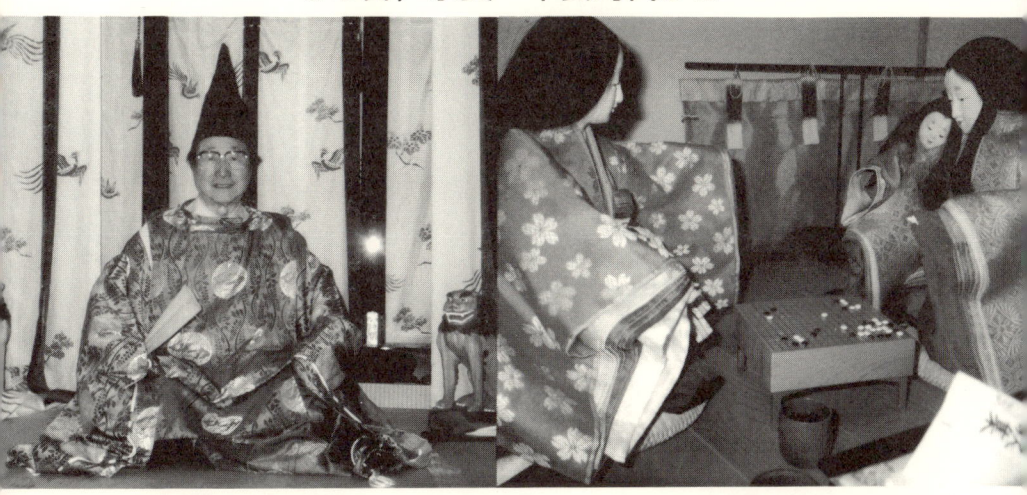

宮廷官吏（著者）　　　　　女官たちの囲碁遊び（人形）

日本の文化と数学書

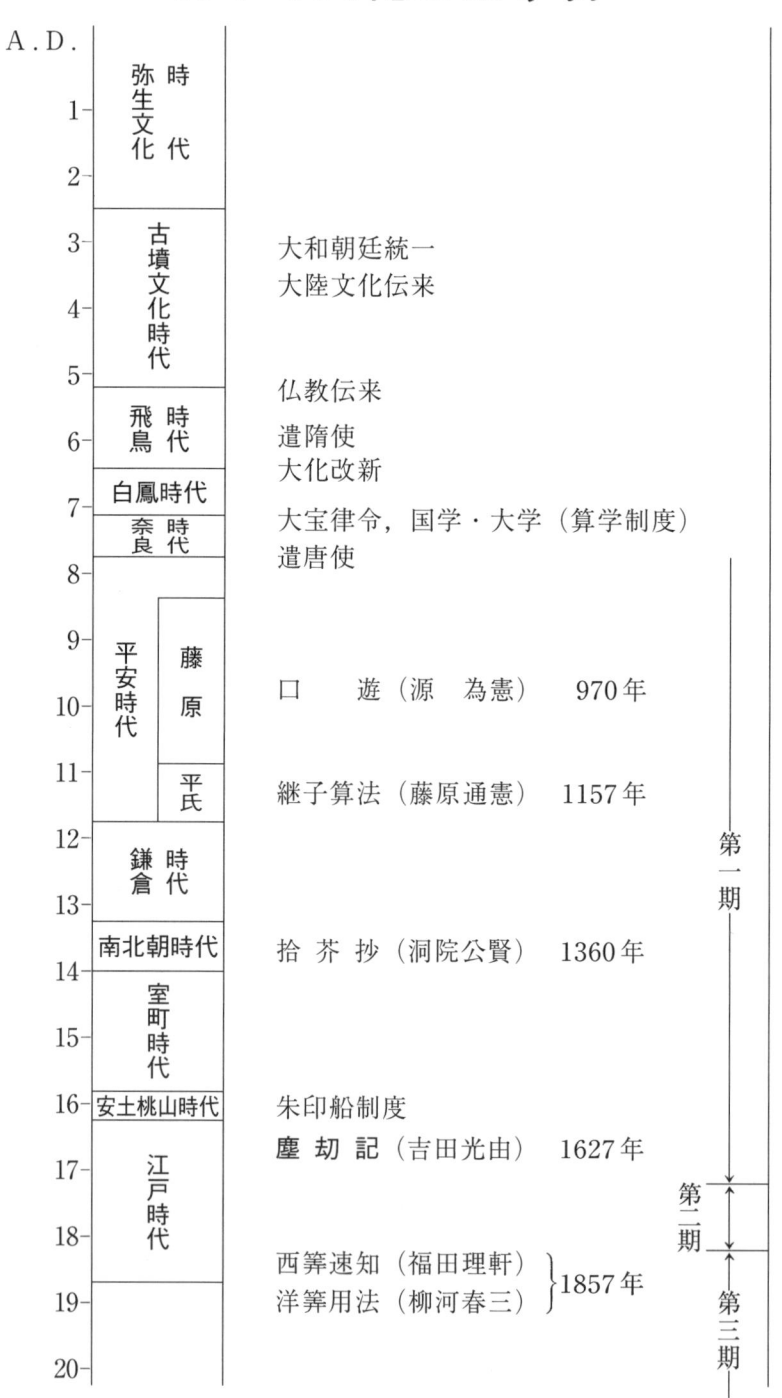

A.D.	時代	出来事・数学書	期
1–2	弥生文化時代		
3–5	古墳文化時代	大和朝廷統一 大陸文化伝来	
5–6	飛鳥時代	仏教伝来 遣隋使 大化改新	
7	白鳳時代		
7–8	奈良時代	大宝律令，国学・大学（算学制度） 遣唐使	
8–11	平安時代（藤原）	口遊（源為憲）970年	第一期
11–12	平安時代（平氏）	継子算法（藤原通憲）1157年	
12–13	鎌倉時代		
13–14	南北朝時代	拾芥抄（洞院公賢）1360年	
14–16	室町時代		
16	安土桃山時代	朱印船制度	
17–19	江戸時代	塵劫記（吉田光由）1627年	第二期
19	江戸時代	西算速知（福田理軒） 洋算用法（柳河春三） ｝1857年	第三期
20			

1

「ヒ・フ・ミ」と「イチ・ニ・サン」

1　日本の昔

　荷物や書類を整理しているお父さんのところに，仲良し兄妹がニコニコしながらやってきました。
　「お父さん！　旧婚旅行を兼ねた〝日本数学探訪の旅〟はどうでしたか？　お土産は——。」
　と克己君。真理子さんも負けずに，
　「外国語に弱く，食べものの好き嫌いが多いお父さんにとっては，国内旅行は楽しかったでしょう。」
　どうも娘というのはズバリ痛いところを突くものです。
　「今回のは，日本の数学つまり〝和算〟の研究が中心だったのでしょう。僕，和算に興味があります。ところで，
　和算という言葉はいつ頃できたのですか？」
　「これはトテモ古い言葉でしょう。だって——，
　和食，和服，和紙，和菓子，和室，和式，和歌，……など，日本では〝和〟がつく言葉って，いっぱいありますから——。
　ソーネ。奈良，平安時代ぐらいにできたのかナ？」
　「もっともらしい話だけれど。でも和は洋（西洋）に対する言葉で使っているのじゃあないかな。真理子の例だと，
　洋食，洋服，洋紙，洋菓子，洋室，洋式，そして洋歌？
　僕は文明開化で，明治の始め。お父さん，どうなんですか。」

お父さんは，2人のいい合いを聞きながら，
「オヤ，早速始まったナ。

　古い諺に"唐様(風)で書く三代目"というのがあるだろう。初代が創りあげた店を遊び人の三代目がつぶし，口上を唐様（明風の書体）で書いた，という話だがね。日本では大昔，"唐天竺"という言葉を使っていた。

　唐とは中国のこと，天竺とはインドのことだよ。

　唐紙，唐草模様，唐獅子，唐絵，唐衣，など，日本は古くから中国の文化的な影響を受けているだろう。

　この時代では唐風に対して和風といっていた。」

「アッ！　わかったワ。

日本に外国文化がドッと入ってきたとき，外国文化に対して従来の日本の文化に"和"の言葉をつけて区別したのでしょう。

　外国文化がドッと入ったのは，右のような時期で，和に対して"洋"が使われたのは19世紀だ，ということでしょう。」

「さすが文系の真理子だね。

　正しくは，洋に対して和ということだろうが——。

　西洋数学，つまり洋算に対して，日本数学は"和算"となったわけで，和算の語は洋算が輸入された19世紀にできたものだ。」

唐草模様

主な文化輸入
4世紀　大陸文化の伝来
6世紀　百済の文化
8世紀　唐の政治・文化
19世紀　欧米文化

1 「ヒ・フ・ミ」と「イチ・ニ・サン」

「では，江戸時代やそれ以前の数学は何と呼んだのですか？」

「当然の疑問だね。

江戸時代までは，中国数学書をそのまま使っていたので，

算経，算術，算法などといった。

江戸時代になると，日本独特の数学が発達し，別の語も生まれるが，それはあとで教えよう。

まずは，日本の古代の数学から始めるかね。」

お父さんはそういって右の年表を2人に見せました。

ちょっと考え込んでいた克己君が，

「日本の歴史上で，最初に大陸文化の影響を受けたのがB.C.3世紀頃ですね。

これは，古代ギリシアの数学の黄金時代で，

日本古代の年表

B.C.	時代	
500	縄文文化時代	
400		
300		大陸文化の影響
	弥生文化時代	稲作が広まる
200		
100		
A.D. 1		銅剣，銅鐸
		倭王国王　後漢に遣使
100		
200		登呂遺跡
		邪馬台国女王「卑弥呼」
300	古墳文化時代	古墳文化起こる
		大和朝廷の統一，氏姓国家
400		**大陸文化の伝来**(暦,易,天文,医,儒教)
		前方後円墳の隆盛
500		
	飛鳥時代	仏教伝来
600		**百済より暦，易，医伝来**
		遣隋使（607）
		法隆寺創建
		遣唐使（630）
700	白鳳時代	大化改新（645）
		中大兄皇子漏刻を作る
	奈良時代	**双六を禁ず**（689）

宮廷女官のサイコロ遊び

ユークリッド，アルキメデス，エラトステネスなど大数学者が続出した頃でしょう。ずいぶん文化・文明のレベル差があるようですね。ところで，この時代の日本の数学のレベル，内容はどんなものだったのですか？

　数学好きの克己君らしい質問です。

　さて──，あなたはどう思いますか。

　残念ながら，確かな記録が残っていませんので何ともいえませんが，これから600年程経った3世紀頃から古墳文化時代に入ります。中期には有名な〝前方後円墳〟が多く造られます。

　エジプトのピラミッド（B.C.28世紀），バビロニアのバベルの塔（B.C.20世紀），中国の万里の長城（B.C.3世紀）などのような巨大な建造物は，それなりに当時の数学の力を示す1つになるわけです。古墳もそれですね。

　「古代エジプトが盛んにピラミッドを造っていた時代があるけれど，日本でも古墳をつぎつぎと造っている時代があったんですね。人間って同じようなことを考えるものですね。」

　克己君が妙に感心しています。真理子さんが，

　「これ（右の写真）は，卑弥呼の墓ともいわれている奈良県桜井市にある箸墓古墳です。

　最古級の前方後円墳で，長さは273mもあります。墳丘も高く，あまりに大きいので『昼は人が造り，夜は神が造った』という伝説があります。」

2　数の数え方

「前方後円墳を造るとなれば，土木工事の技術のほかに，設計図を描く能力や簡単な統計の知識が必要でしょう。

この頃の，数の数え方って，どんな風なのですか？」

「お兄さん，何いっているの，イチ，ニイ，サン，シィーに決っているじゃあない。」

お父さんが口を開きました。

「日本では数の数え方に，もう1つ，ヒィー，フゥー，ミィ，……というのがあるよ。どっちが古いのかな？」

2人はしばらく考えていましたが，

「僕はヒィー，フゥー，ミィーだと思う。」

「あたしはイチ，ニイ，サンに賛成よ。」

「真理子は駄ジャレか。では真理子に質問だよ。中国の数の数え方を知っていたらいってごらん。」

真理子さんは得意になっていいました。

「イー，アール，サン，スウー，ウー，ルュー，チィー，パァー，チュー，シィーでしょう。

あら！　日本のイチ，ニイ，サン，シィーに似ているわね。」

お父さんは，うまくいった，というような顔をして，

「そうなんだね。イチ，ニイ，サンは中国からの伝来語。日本古来のものはヒィー，フゥー，ミィーという数え方だ。しかも，これだって長い間に唱え方が変化しているんだよ。それをまとめて示そうか。」

数の数え方（唱え方）

発展数	(1) 最初	(2) 『ト』『タ』『ツ』が付く	(3) 二重に「ツ」が付く	理　由
一	ヒ Hi	ヒト	ヒトツ	ヒトは初に関係がある
二	フ Hu	フタ	フタツ	ヒトツの2倍で、母音の変化（1×2）
三	ミ Mi	ミツ	ミッツ	ヒトツに対し、フタツより間がある意
四	ヨ Yo	ヨツ	ヨッツ	ヨはイヨで「ますます」などの意
五	イ i	イツ	イツツ	5本の指を数え終えた意
六	ム Mu	ムツ	ムッツ	ミツの2倍で母音の変化（3×2）
七	ナ Na	ナナツ	ナナツ	並べなしの意
八	ヤ Ya	ヤツ	ヤッツ	ヨツの2倍で母音の変化（4×2）
九	コ Ko	ココノツ	ココノツ	屈（かが）めなしの意
十	ト To	トオ	トオ	イツツの2倍で、イツから変化（5×2）

　お父さんは上の表を、2人に見せました。そして、
「(2)の『ト』、『タ』、『ツ』は全部手の意味で、昔は指を折りながら数えたので、これらの言葉がついたそうだ。(3)は語呂のよさからできたものだろうね。」
と説明しました。すぐ真理子さんが質問です。
「もっと大きな数も数え方があったのでしょう。」
「もちろんあった。
　二十から五十までは右のようだよ。」
「アラッ、この数え方は、現在も使っていますね。ずいぶん古いものですね。」
「では、百、五百は何というかな？」

二十	ハタチ
三十	ミソジ
四十	ヨソジ
五十	イソジ

1 「ヒ・フ・ミ」と「イチ・ニ・サン」

「僕,知っていまーす。キレジにイボジでしょう。」
克己君がニヤニヤしながらいいました。
「イヤネェお兄さんは,痔(じ)の話に脱線して。下品！」
お父さんは笑いながら,
「まあまあ,そんなムキになって怒るなよ。克己がいったのも,当らずとも遠からず,でね。
百はモモチ,五百はイホジといったのさ。」
克己君はすっかり勢いに乗って,
「僕の勘もバカにならないだろう。
サア,どんどん聞いてください。」
といい,右の4つも上手に読みました。

八百	ヤホ
千	チヂ
万	ヨロズ
千万	チョロズ

考えてみると,現在でもこの読み方を使っているのですから,ふしぎというか,おもしろいというか。文化の伝統というのはすごいものですね。お父さんは2人に質問しました。
「数の数え方(唱え方)には,ほかにいろいろなものがあるが,何か思い出すかい？」
2人はちょっと考えてから,
「子どもの頃,カクレンボをしているとき,十を"ダルマサンガコロンダ"といって数えました。」
「僕はいろいろな商売の人が,独特の数え方をする,いわゆる"符丁(ふちょう)"に興味があります。魚市場,青物市場,材木商,瀬戸物屋,古着屋などみな符丁があるんですね。」(P.174参照)
「古代ギリシアでは,日本のアイウエオに当る,アルファベットのα, β, γ, δ, ……, を数字にしている時代がある。当然,1はアルファー,2はベーター……,と数えていくわけだ。
ものの数え方にもいろいろあることをおぼえておこうね。」

3　大きな数 "八"

「さっき，八百をヤホと読むといいましたが，現在の八百屋の八百と同じですか？」

真理子さんが，急に思い出したようにして聞きました。

「八百屋さんの語源だよ。」

「でも，八百屋さんのお店には八百もの種類がないでしょう。」

克己君が口をさしはさみました。

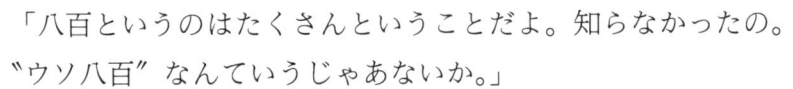

「八百というのはたくさんということだよ。知らなかったの。"ウソ八百"なんていうじゃあないか。」

「確かに，そうね。でもなぜたくさんのことを八百というの？」

「それはネ——，お父さんに聞こう。」

お父さんは本を開きながら，

「答は簡単で一言で済むが，それではつまらないから，もう少し深めて考えてみよう。

太平洋に浮ぶ大きな島の１つにニューギニアというのがあるね。

この島には，いろいろな種族が住み，それぞれ右のような独特の数え方をもっていた。

とりわけ興味があったのは海岸の種族の２進法だよ。

彼らは　１　をウラパン(Urapun)
　　　　２　をオコサ(Okosa)

ニューギニアの種族と数を数えるn進法

○ダニ族は体の部分を使う
○海岸の種族は２進法
○モニ族は５進法
○カポーク族は10進法

1 「ヒ・フ・ミ」と「イチ・ニ・サン」

の2語しかもっていない。

彼らはこれによって、いくつまでの数を数えることができると思うかい。」

まず、克己君が右のように書き、お父さんに示して、
「6までは数えられそうですが——。」

「なかなかよくできたね。しかし、2つしか語をもてない（3つ以上の判別ができない）のに、3つを組にすることはできないだろう。

実際は、5までが精一杯で、6以上はすべて"ラス"

1……ウラパン
2……オコサ
3……オコサ・ウラパン (2+1)
4……オコサ・オコサ　(2+2)
5……オコサ・オコサ・ウラパン (2+2+1)
6……オコサ・オコサ・オコサ (2+2+2)
7……？

(Ras, たくさん)というそうだ。同じように日本の大昔は、七までしか数えられず、"八"はたくさんを意味していたんだよ。

八百屋はその例だけれどね。あと日常目にし耳にするものにどんなものがあるか。真理子いくつか例をあげてごらん。」

「ハイ！　八ツ手、八重桜、八千草、八ツ頭、それに八ツ橋、八ツ当り、八ツ裂き、傍目八目、……ずいぶんありますね。」

「克己は神代の話から。」

「ハイ！　八岐の大蛇、八咫の鏡、八坂瓊の曲玉、そして八百万神。」

「八方美人、八方ふさがりなどもあちらこちらの意味からできたものだ。地名で八王子、八ツ岳、八丈島、八重洲がある。」

八ツ手　　八重桜

八ツ頭(たくさんの芋ができる)

4　乗法九九と唱え方

「古代日本では〝八〟が最大の数だったが，中国では〝九〟が最大で，これは皇帝の数といわれたんだよ。

八の次は九，というわけではないが，ここで『乗法九九』について考えてみよう。

日本人（多分，中国人，韓国人も）は小学2年，3年生で九九を完全に記憶しているので，欧米人に比べて計算が早くて正確だといわれているんだ。

欧米では，たとえば英語で the multiplication table（乗法表）と呼んでいるように，九九は表であって，おぼえるものではないようなんだよ。

克己，$2 \times 4 = 8$ のいい方を日本語と英語でいってごらん。」
「日本では，〝にしがはち〟

　欧米では，"Two times four is eight."

でしょう。」

「暗記しやすさではずいぶん違いますね。日本のは当然中国伝来なのでしょう？」

「いつ頃伝えられたか正確な年代は不明だが，有名な歌集『万葉集』（759年）に登場しているので，大宝律令で全国に大学・国学を設置する制度とともに輸入されたか。さらに古い時代に大陸文化として伝えられたか。

いずれにしても九九は古いものだ。」

「中国ではいつ頃誕生したのですか？」

「九九の表が最初に発見されたのは，敦煌（とんこう）の出土品の中にあった木簡（もくかん）に書かれたもので，3000年以上昔だそうだ。その後，楼蘭（ろうらん）などでも見つかったというね。

九九について，こんなおもしろい伝説がある。」

1 「ヒ・フ・ミ」と「イチ・ニ・サン」

「どんなお話ですか。」

2人は興味を示しました。

「紀元前7世紀頃,中国に斉の桓公（かん）という立派な皇帝がいた。

自分の国を強力にするために,〝一芸に秀でた者はどんどん採用する〟というおふれを出したが,いっこうに人材が集まらない。

ある日1人の若者が召し抱えて欲しい,とあらわれた。

桓公が彼に特技を聞くと,〝九九が唱えられる〟といい,さらに,〝私を採用すると斎では九九が唱えられるだけで採用する,ということが伝わり,中国全土から優秀な人材が集まるでしょう〟といったという。事実そうしたら人材が集ったそうだ。おもしろい話だろう。」

「これから400年後の,燕王（えん）の賢臣郭隗（かくかい）の有名な言葉として伝えられている〝隗（かい）より始めよ〟の話に似ていますね。」

「さすが兄貴！　教養があるナー。ところでお父さん,『万葉集』にはどんな形で出てくるのですか？」

「歌の文中に右のような代用語を使っているんだね。一度図書館で調べてごらん。

その後では,最古の教科書といわれる児童書『口遊』（くちずきみ）(970年),また百科事典『拾芥抄』（しゅうがいしょう）(1360年)などに載っているという。昔の人も一生懸命九九をおぼえたわけだね。」

> 二二　を　「し」
> 二五　を　「とう」
> また,
> 十六と書いて
> 　　「しし(四四)」
> 八十一と書いて
> 　　「くく(九九)」
> と読ませている

♪♪♪♪♪ できるかな？ ♪♪♪♪♪

　乗法九九なんて，誰でも知っていることだ，なんて甘くみてはいけません。

　いまの世界中の人の中で，九九を暗記して使用できるのはごく少数です。外国旅行をして買物をした人は，外国人の計算下手にビックリした経験があるでしょう。

　日本でも戦国時代では，九九がいえたり，割算ができたら，計算を職業にして生きていけたといいます。

　さて，この九九について2つの質問をします。よく考え答えてください。

（質問1）　昔の五十音であるイロハニホヘト……のことを略して"イロハ"といいますね。同じように英語もそのルーツであるギリシア語のα, β, γ……の始めをとって"アルファベット"と呼びます。

　乗法九九も，「一一が一」から始まるので，"九九"といわず"一一"というべきだと思いますが，ナゼ九九なのでしょう。

（質問2）　日本人にとって九九が暗誦しやすいのは，短い句になっていることと語呂がいいからですね。

　語呂の利用は，最近"冠デー"といわれるものに盛んに使用されています。古くは3月3日の「耳の日」，8月7日の「鼻の日」などが有名です。では次の月日は何の日でしょうか？

① 2月22日　　② 5月30日　　③ 6月26日
④ 7月10日　　⑤ 8月8日　　⑥ 8月9日
⑦ 10月4日　　⑧ 11月1日　　⑨ 11月10日

2

奈良・平安時代の数学

1 大宝律令と算道, 算博士

「日本の教育制度が最初に確立したのは, 701年の『大宝律令』によるもので, このとき全国に大学・国学が作られ, 貴族の子どもたちが将来官吏になるための教育施設になったわけですね。

このときの教科というものは, どんなものがあったのですか。」

歴史に強い真理子さんが, 興味のあるところです。お父さんは年表 (P.13) を示しながら,

「日本は終始, 大陸(中国経由印度文化や朝鮮経由中国文化など) の高い文化の影響を受けながら発展してきているね。

この年表で, 古くは縄文文化時代の末期からだ。

数学関係でいうと,

 4世紀 大陸文化伝来 暦, 易, 天文, 機械など
 6世紀 百済より伝来 暦, 易など(中国数学書も伝来)
 7世紀 遣隋使, 遣唐使
     中国伝来より 中大兄皇子の漏刻(ろうこく)(今の時計)
          天智天皇による時刻報知「時の制」

などだが, このほか『度量衡(どりょうこう)』(計量法) の規定, 『占星台』(天文台) の建設, さらには『元嘉暦』(何承天の作) の使用という具合で, 7世紀までに日本人の生活が大変合理的に進歩してきている。

さて，大学・国学で学ぶ教科だが，それには"四道"があり，次の4つの学問があった。
　　　紀伝——記録法についてのこと
　　　明経——哲学に関すること
　　　明法——法律に関すること
　　　算道——数学・計算に関すること
ということだ。」
「四道はいまでいうと，国文学に経済，法律，数学を学ぶことになるのですね。奈良・平安時代ならこれを修めていれば高級役人として仕事をしていけるということなんですね。
　確かに，これらは現在でも大事ですが，昔はたった4教科勉強すればいいのでうらやましいワー。」
　克己君が別の質問をします。
「算道では，どんな数学を勉強したのですか？」
　お父さんは，数学史の本を見せながら，
「なかなか大変なんだよ。
　右の9冊の本をマスターしなくてはならない。
　算経というのは算術の巻物の意味で『九章算術』という書き方もしている。同意語だよ。
　五曹の"曹"は役所のことで
　田曹(田畑の面積や収穫)
　兵曹(兵士の徴集など)
　集曹(糧米の徴集など)
　倉曹(穀物の保存，数量など)
　金曹(租税や国の予算など)

算道で学ぶ本	
九章算経	（後に説明する）
周髀算経	（暦関係）
海島算経	（測量関係）
五曹算経	（役所の仕事）
孫子算経	（度量衡 など）
六章算経	
九司算経	
三開重差	
綴術	（円周率など高等数学。学ぶのに4年かかる）

という勉強をする。」

「五曹を見ると，現在の○○省というのと同じですね。

それにしても，算道だけで，こんなに勉強するんじゃあ大変ですね。

ずいぶん数学を重視していたんだナー。」

数学好きの克己君でも，ちょっと悲鳴をあげてしまいます。

「奈良・平安時代のことだから，当然，貴族の子だけが入学したわけでしょう。

入学試験などはどうなっていたのですか？」

「数学から少し離れるが，教養として話をしてあげよう。

1　入学定員

　　大学（中央）　　　400人

　　国学（地方）　　　大国　50人，上国　40人，中国　30人

　　　　　　　　　　　小国　20人

2　入学資格

　　諸王および五位以上の子。ただし優秀なら八位以上でもよい。試験で入学者を決める。13歳以上16歳以下。

3　月謝，食費

　　いずれも無料。図書も貸してもらえる。

4　教師

　　博士，助教，その他職員。

5　休暇

　　1カ月に3日，つまり10日に1日休み。

6　試験

　　9問中5問以下しかできないと落第。

7　在学期間

　　9年間

どうだい，1000年以上前のことだが，そんなに現在と変らないだろう。

　"落第"というのがあるのはおもしろいじゃあないか。」

「エエ〜。こんな頃から，落第制度があったのですか。大昔から先生におどかされながら勉強したんですね。

　ところで，当時は貴族の子以外は勉強する機会はなかったのですか？」

「どういう時代にも，その時代に合わせる形で存在しているよ。奈良・平安時代では，貴族階級向けの私学もあったが，庶民用私学として，有名な空海が『綜芸種智院』を建て，下級役人，町人や貧乏人の子どもの教育をした。また，僧侶に対しては寺院で僧侶教育をしているなど，教育はゆきとどいていたようだ。」

　黙って聞いていた真理子さんがいいました。

「平安時代といえば，すぐれた女流作家が輩出したでしょう。これは，どういう教育からですか。以前から疑問に思っていたことですが——。」

「女性としては，まず誰でも思うことだね。わが国女性史上の黄金時代を築いたその背景は——

①平安朝という時代の空気が女性的であった。
②仮名文字が発明された。
③当時，藤原氏の勢力が皇室の外戚という地位にあり，一門の女子を宮中へ入れるために教養を高める勉強をさせたことによる。

女官の勉強風景

こんな時代に生まれた女性は幸福だね。」

「現代も長い平和続きで,すっかり女性が強くなったネェー,真理子さん。」

克己君が皮肉風にいいました。

真理子さんも負けずに,

「見ていらっしゃい。あたしが〝現代の紫式部〟といわれるようになるから。そのとき,『私が兄です』っていわないでよ。」

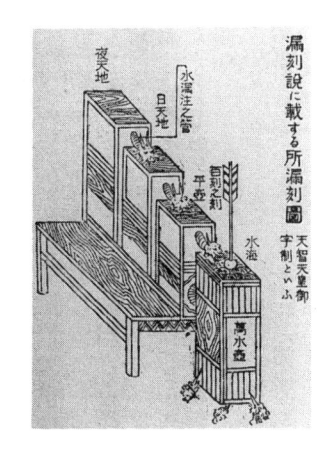

「何年後のことになるかね。

大宝律令では,『陰陽寮』も設けたが,これは物理と天文,気象の研究所で,漏刻博士2人と漏刻番20人を置き,時刻が来ると鐘や太鼓を打って知らせたそうだよ。」

「前,学校で習ったおぼえがあるけれどつい忘れました。〝漏刻〟というのは,どんなものでしたっけ？」

「僕が教えてあげるよ。上の図は天智天皇が用いたものといわれているけど,いわゆる水時計だよ。

中国では紀元前105年に用いられたという。図で4個目の箱〝水海〟に浮く,矢のうきで時刻がわかるようになっている。」

「さて,大宝律令から17年経て,これを改良した養老令が出るが,その中の学令に『大学寮』の制度がある。

この大学寮に属すいろいろな教師,職員,学生の中に,算博士2人,算生30人がいたという。四道の中では,算道専門のコースは規模が小さいようだったね。」

「現在ある〇〇大学という名称は,この大学寮からできたんでしょう。ずいぶん古い言葉ですネー。」

2 名著『九章算経』と算経十書

「さっきお父さんが話した中国の名著『九章算経』の内容を紹介してください。」

「内容だけでなく，問題も教えてあげるよ。そして克己に2000年の昔に挑戦してもらおう。

まずはその前に，この名著を日本へ持って来たといわれている算博士，吉備真備について話をする。」

「大宝律令の後となると，遣隋使ではなく遣唐使でしょう。

阿倍仲麻呂と一緒だったのですか？」

「さすが歴史の真理子，よく知っているね。」

「2人は留学生として，717年，遣唐使について行ったんだよ。何しろ14回の遣唐使が出されたというのだから，ずいぶんたくさんの留学生（5000人以上）が唐で学び唐の文化を吸収して帰国したことになる。

阿部仲麻呂は玄宗皇帝に仕え，帰国に際して有名な歌を作った。百人一首に入っているが，真理子なら知っているだろう。」

「エェ，知ってるワ。これ（右）でしょう。

ところが船が流されて唐にもどり，そこで一生を終えたんでしょう。」

「さて，吉備真備だが，唐で19年間過し，
　　三史，五経，名刊，算術，陰陽，
　　暦道，天文，漏刻，漢音，書道，
　　秘術，雑占
などの学問を修めたが，大変優秀な成績なので，玄宗皇帝が帰国を許可しなかったといわれている。

> 天の原
> ふりさけ見れば春日なる
> 三笠の山に
> 出でし月かも

彼は735年に帰国して朝廷に暦を献上したが，752年にまた，遣唐使とともに唐へ行っている。」

「そろそろ『九章算経』に入ってください。」

克己君は歴史より数学の中味に興味があるようです。

「ヨ〜シ，始めるよ。書名通り次の9つの章からできている。

　　第一章　方田　（田畑の面積計算や図形の形など）
　　第二章　粟米　（穀物や貨物の量についての計算など）
　　第三章　衰分（きぶん）（比や比例，比例配分などの計算法）
　　第四章　少広　（開平や開立，現在の平方根，立方根の計算）
　　第五章　商功　（土木工事に関すること，円柱，角台などの体積）
　　第六章　均輸　（租税や輸送に関すること）
　　第七章　盈不足（えい）（過不足算についての問題）
　　第八章　方程　（未知数を求める計算，現在の連立方程式）
　　第九章　句股（こうこ）（三平方の定理のこと，直角三角形の辺の関係）

ここで克己の感想を聞こうかね。」

「まず，書名と章名が気に入りました。それから，レベルは今の中学校数学ぐらいまでと思うけれど，2000年も前のことでしょう。そんな昔に，これほどの数学を学んだのには驚きます。

また，これは数学百科事典的なものであったように思います。

これだけの内容をマスターすれば，日常生活はもちろん，職業人も役人もつとまる，というものだったのでしょう。

あとは，問題の難易レベルが知りたいです。」

「なるほど。なかなかいい指摘だ。

これは当時だけでなく，後世長く大きな影響を与えているんだよ。

右の中国名著がそれだ。」

```
～継承の代表的名著～
 4世紀　孫子算経
12世紀　数書九章
13世紀　算学啓蒙
14世紀　九章算法比類大全
16世紀　算法統宗
```

「出版当時よく読まれたベストセラーで，後世大きな影響を与えたロングセラーというのが，いくつかありますね。
　お父さんがよくいっているのでは，次のものです。

  B.C. 3世紀　『原論』($\sigma\tau o\iota\chi\epsilon\iota\alpha$)　　ユークリッド
  A.D. 1世紀　『九章算経』　　　　　　不明
   13世紀　『計算の書』(Liber Abaci)　フィボナッチ
   17世紀　『塵劫記』　　　　　　　吉田光由

これでいいんでしょう。」
「よくおぼえていたね。お父さんはこれに，

  B.C.17世紀　『アーメス・パピルス』　　アーメス書記筆
  A.D. 9世紀　『al-gebr w'al mukābala』　アル・ファリズミー

の2著を加えた6図書が好きだ。
では，名著『九章算経』の中の問題に挑戦してもらおうか。

　右は，本文の第1ページの最初の問題なんだが，何を書いてあるかわかるかナ。」
　2人，
「……………」
「お父さんは昔漢文をやったので大体読めるよ。
　"いま，横15歩，縦16歩の田がある。田の広さはいくらか。
　　答は1畝。"
　日本では1畝＝30坪だが，ここでは240歩になっている。」

```
九章算術巻第一
方田　以御田疇界域
〔一〕今有田廣十五步，從十六步。問爲田幾何？
　答曰：一畝。
〔二〕又有田廣十二步，從十四步。問爲田幾何？
　答曰：一百六十八步。
方田術曰：廣從步數相乘得積步。
　　　　　　圖從十四廣十二。
```

（参考）廣は横，從は縦。幾何は面積はいくらか，荅曰は答にいわく。

2　奈良・平安時代の数学

「漢字と漢文とが読めなければ，手がつけられないので，日本文にした問題にして出してください。」

　さすがの克己君もまいったようです。お父さんは2人に次の問題を出しました。

「まず，右の数学用語を現代語にしてもらおうか。

　第一章〝方田〟にある図形名だよ。

　準備体操だ。この他に宛田，弧田，環田などというのもある。」

① 方　　田
② 圭　　田
③ 邪　　田
④ 箕（き）田
⑤ 圓　　田

「お兄さん，相談しながらやりましょう。そうそう辞書も用意しよう。」

　2人で話し合っていましたが，やがて結論を出し，次のような図を描いて説明しました。

① 方田
　正方形のこと

② 圭田
　圭とは土を積みあげたもので三角形のこと

③ 邪田
　台形のこと

④ 箕田
　箕とは，米を入れて振り，殻や塵をとり除く農具で右の形の図形

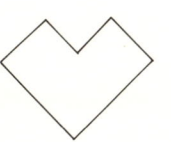

⑤ 圓田
　圓は円の旧字，円のこと

（参考）宛田
　おわん形

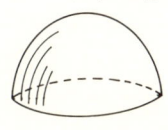

弧田
　弓形のこと

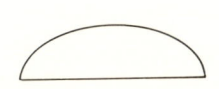

環田
　中が抜けている図形

31

「よくできたね。〇〇形といわず〇〇田というあたり，中国もエジプト同様，田畑の測量などから図形の研究が始まったことがわかるだろう。

では，本格的に文章題をやってもらうことにしよう。

<u>真理子用</u>　第七章〝盈不足〟からの問題

あるものを買い，何人かで金を出し合うとき，1人8文ずつとすると3文余り，7文ずつとすると4文不足する，という。人数とものの金額を求めよ。

<u>克己用</u>　第九章〝句股〟からの問題

ここに，1辺が1丈（10尺で約3m）の正方形の池があり，葭がその中央にはえていて水面に1尺出ている。これを岸に引きよせたら，ちょうど水面の高さになった。

水の深さと葭の長さ，それぞれを求めよ。

<u>2人用</u>　第八章〝方程〟からの問題

いま，牛5頭，羊2頭を買うと10両で，牛2頭，羊5頭を買うと8両であるという。牛，羊それぞれ1頭いくらか。

という3問だが，日本代表のつもりで解いてくれ。」

2人は一生懸命問題を読んでいましたが，

「いまの教科書の文章題と同じようなものですね。文章題は2000年前とあまり変りがないのかナ。

ちょっと原文を見せてください。」

克己君の希望で，お父さんが原文（右）を見せました。

「これなら僕もなんとか読めます。

しかし，日本人には漢字だけの文というのは難しく感じますね。サァーやろう！」

> 今有牛五、羊二、直金十両。牛二、羊五直金八両。問牛羊各直金幾何？

2 奈良・平安時代の数学

2人は早速，式を立て計算を始めました。

(真理子さん)

人数を x 人とすると金額は，
　　前半から，$8x-3$ ……①
　　後半から，$7x+4$ ……②
この2つは等しいので，
　　$8x-3=7x+4$
この方程式を解いて，
　　$x=7$
これを①に代入して，
　　$8x\times 7-3=53$

　　答 $\begin{cases} 7人 \\ 53文 \end{cases}$

(克己君)

問題を図にすると右のようになる。 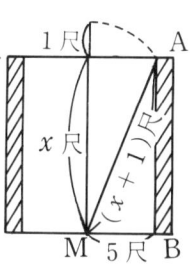
直角三角形 AMB で，三平方の定理により
　　$(x+1)^2=x^2+5^2$
この方程式を解いて
　　$x^2+2x+1=x^2+25$
　　$2x=24$
　　$x=12$

　　答 $\begin{cases} 水深 \quad 12尺 \\ 葭の長さ \quad 13尺 \end{cases}$

(注) 句股の語源は下の図からできた。

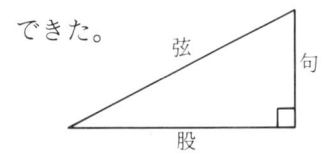

(2人用)

牛，羊それぞれ1頭を，x 両，y 両とすると，
$$\begin{cases} 5x+2y=10 \cdots\cdots ① \\ 2x+5y=8 \ \cdots\cdots ② \end{cases}$$

①×5 －②×2

$\quad 25x+10y=50$
$-)\ \ 4x+10y=16$
$\quad\ \ 21x\qquad =34$

よって　$x=\dfrac{34}{21}$

　　　　$x=1\dfrac{13}{21}\cdots$③

③を①に代入して

$5\times 1\dfrac{13}{21}+2y=10$

これより　$y=\dfrac{20}{21}$

　　答 $\begin{cases} 牛 \quad 1\dfrac{13}{21}両 \\ 羊 \quad \dfrac{20}{21}両 \end{cases}$

「できました！」
上のように解いて，2人がうれしそうにいいました。

「ただ当時は，x を使ったり，等式の性質を使ったりできないから，解法は別の方法によっていたよ。」

「エェ〜，ではどうやって解いたのですか？」

「いろいろあったようだが，有名なものは，仮定法とか複仮定法とかという方法で解いたのさ。

真理子の問題を仮定法で解いてみよう。

"いま，6人とする（仮定する）と，前半から 8・6−3＝45，7・6＋4＝46 でその差は1だから，ズレ分を加え7文が答"

とする方法だよ。ある値を仮定し，そのズレを調整して答を求めるんだ。これは古代エジプトでも用いた方法だよ。」

「中国には九章算経を初めとする『算経十書』というのがあると聞いていますか，それはどんなものですか？」

「これ（右）が十書だよ。

1〜7世紀までの名著を集めたものさ。初め綴術が入っていたが難しいので，緝古算経と入れかえたという。

古代・中国の貴重な財産の1つだね。」

『算経十書』（7世紀以前の数学書）			(著者)
○周髀算経	暦算書・天文書	−2世紀	──
○九章算経	数学百科事典	1世紀	──
○数術記遺	計　算　法	2世紀	徐岳
○海島算経	測　量　書	3世紀	劉徽(りゅうき)
○五曹算経	曹は役所	3世紀	──
○孫子算経	度量衡他	4世紀	孫子
○夏侯陽算経		4世紀	夏侯陽
○張邱建算経		5世紀	張邱建
○綴術(てつ)		5世紀	祖沖之
○五経算経		6世紀	甄鸞(けんらん)
○緝古算経(しゅうこ)		7世紀	王孝通

2 奈良・平安時代の数学

3 算置(さんおき)と算籌(さんちゅう)

真理子さんが、こんな疑問を出しました。

「平安時代には、たくさんの女流作家が、『枕草子』『源氏物語』を始め、多くの文学作品で当時の上流社会や貴族生活を紹介しているでしょう。それによって、われわれはあの時代の生活や習慣、考え方が想像できるわけです。

宮廷官吏たち

一般に歴史そのものは、指導者階級の記録であって、社会発展の底辺にいる庶民のことはほとんど伝えられていないでしょう。

たとえば奈良・平安時代では貴族たちは、大学・国学や私学で教育を受けられるけれど、大多数の庶民はろくな教育を受けていない。では、彼らの日常生活で、買物、商売など、数量や金銭の計算などではどうしていたのか、そんなことがわからないでしょうか？」

黙って聞いていた克己君が、

「サスガ女性だね。目の付けどころがちがう。昔の庶民はあまり複雑な計算を必要としなかったんだろう。せいぜい、たし算かひき算ですむんじゃあないかナー。」

2人の話をうなずきながら聞いていたお父さんは、

「本来、歴史にはもっと庶民の記録があって欲しいね。人々のよろこびや苦しみを知りたい思いがする。

さて、庶民の計算力のことだけれど——。克己、前に話したヨーロッパ 15, 6 世紀のことを思い出さないかい。」

「ああ、『計算師』のことですか。」

「それ何だっけ。聞いた気がするけれど……忘れちゃった！」

35

「イタリアを始め,欧米の先進諸国が競って通商と植民地探しに未知の大洋へ,と航海しただろう。

このとき,安全な航海のために天文観測が発展し,そこに生じる天文学的な計算を早く処理する必要から特別職業として誕生した,計算専門家が『計算師』といわれたのさ。」

「思い出したワ。そうそうこの人たちが,計算記号を創り,速算術を考案し,計算学校や教科書を作ったというのでしょう。

また,当時,計算ができない商人からお金をとって計算をやってあげたそうね。」

お父さんが話を拾い上げて,

「2人ともよくおぼえていたね。

15,6世紀の地球時代には『計算師』が活躍し,20世紀の宇宙時代には『コンピュータ技師』が活躍する,というのはなかなかおもしろいことだ。

あとで話をするが,江戸初期の活気ある商人の町では『ソロバン』が有効な計算器具となったんだね。」

「そこで奈良・平安時代の庶民の計算はどうだったのですか?」

「いまの話で想像できるだろう。町に計算専門家がいて町かどに小屋を建て,お金をとって計算をしてやっていたのさ。」

「計算をしてやるだけで,お金がとれたのですか,信じられないナー。」

2人の感想です。

2　奈良・平安時代の数学

「計算のために金を払う，というとピンとこないけれど，たとえば，戦後すぐの話だが，アメリカ人相手の日本女性が，英語をしゃべれるけれど文が書けない。それを代行する店ができ，〝恋文横町〟といったものができたが，そんなものだろうよ。」

「少しわかるような気がします。ところでその計算屋さんは計算師と呼ばれたのですか？」

「『算置(さんおき)』と呼ばれ，その小屋は算所といわれた。

彼らの計算は，中国伝来の算籌(ちゅう)という細長い竹の棒を並べてやったのだが，同時にそれを使って『占い』もやったそうだ。」

占い好きの真理子さんはうれしそうな顔をして，

「現在，繁華街の町かどで，小さなテーブルを置いてやっている占師はそれの子孫ですか？」

「マーサカ。1000年前にあったものが，いまも残っているはずがないじゃあないか。」

「いやいや真理子の想像も捨てたもんじゃあないよ。一説によると，人々が勉強するようになって計算の依頼がなくなり，占いだけが仕事になったのだ，といわれている。

確かに，算籌と筮竹(ぜいちく)とは同じようだね。」

「お父さん，昔の計算は〝算木〟ではないんですか？」

「中国は竹の国だろう。

紙の代りに竹簡が使われたね。

算の古字は筹で，竹を弄(もてあそ)ぶからきている。しかし，算籌は長くて扱いにくい上，強い風などで動いてしまうだろう。

そこで木を使った算木（ふつう10cm位のものが使われたが，他に長短種々ある）が用いられるようになったのさ。」

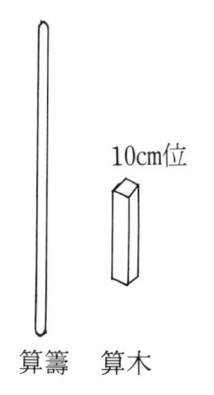

10cm位

算籌　算木

37

「算木を使って数を表したり，計算したりはどうやったのですか。難しそうですね。」

真理子さんも同調して，

「小さな木の棒を使うだけでしょう。初めに考えた人はずいぶん頭のいい人ですネ。」

「古代の各民族のうち数字をもっているところは，みな"刻み"をその数だけつける，という方法で始まっているだろう。同じように算木を並べるという方式をとっている。

下のように，算木を縦，横に並べて数字を示し，大きな数はソロバンと同じ位取りによって各数字を並べていく。だからいくら大きな数でも表せるわけだ。また，加減乗除や平方根の計算など，右下の算盤に数（算木）を並べてやったというよ。」

算木による数
1 │　　20 ═
2 ∥　　30 ≡
3 ∥∥　 40 ≣
4 ∥∥∥　50 ≣
5 ∥∥∥∥　60 ⊥
6 ⊤　　70 ⊥
7 ⊤　　80 ⊥
8 ⊤　　90 ⊥
9 ⊤
10 ─　　100 │○○
11 ─│　101 │○│
12 ─∥　111 │││

(参考)　○1～9までは算木を縦にし，10～90までは横にする。

○負の数は，たとえば－3は ⫽ とか黒色の算木で ∥∥ と示す。

（ふつうの算木は赤色）

○空位には○を書いた。

千	百	十	一	分	厘	
						商
						実
						法
						廉
						隅

算 盤 （表）

4 数学遊戯いろいろ

「平和で，順調に文化が高まっていった奈良・平安時代500年のあとは，源平戦に始まり，次々騒乱，戦闘が続く長い戦国時代が約500年ですね。

この間の数学の発展はどうだったのですか？」

「日本の古代，中世というのは，科学的なものがないので"数学"といっても暦，漏刻に関することか神社，仏閣関係の建築に使うぐらいで，中国輸入数学を越すどころか，数学を学ぶ人もごく少数だった。

これでは数学が発展するはずはないだろう。」

「でも日本人は遊び心があるので，パズル的なものぐらいは伝えられたのではないですか？」

「パズルか，おもしろい着眼だね。

そういえば，いくつか有名なものがあるから，それを紹介しよう。

さっき九九の話（P.21）で『口遊』と『拾芥抄』という2冊の本をとりあげたろう。これができた時代を示すと右のようだよ。

各著者はみな有名人でね，その説明も含めながらパズルの内容を解説しよう。

まず源為憲だが，彼は公家の藤原為光の子の教育を頼まれ，子どもがあきないよう暗記しやすい，調子のよい教科

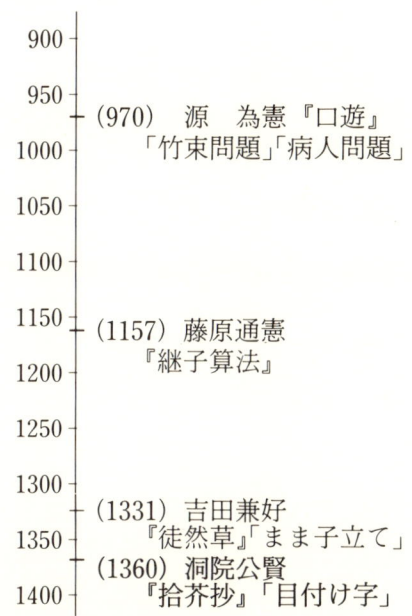

年	
900	
950	(970) 源 為憲『口遊』
1000	「竹束問題」「病人問題」
1050	
1100	
1150	(1157) 藤原通憲
1200	『継子算法』
1250	
1300	
1331	(1331) 吉田兼好
1350	『徒然草』「まま子立て」
1400	(1360) 洞院公賢 『拾芥抄』「目付け字」

書を作ったんだ。内容はいろいろあって百科全書的な性格をもっていたので，多くの人がこれを書き写し，それで勉強したといわれている。

　声を出して読めるように，というところから『口遊（くちずきみ）』という書名にしたのだろう。」

「利口（りこう）な子でも，勉強があきるんですね。」

「似た理由で，暗誦用に作られた児童向け数学書が，江戸初期に作られているんだから，おもしろいね。」

「あたし，ホッとしたわ。平安中期や江戸初期などの時代に，数学嫌いがいて先生がどうやって好きにさせようか，と苦心している姿を想像すると，うれしくなるワー。」

　数学に弱い真理子さんは，すっかりよろこんでいます。一方克己君（きょうみ）の方は興味津々（しんしん）です。

「お父さん，どんな風な本なのですか？」

「では有名な江戸初期の『因帰（いんき）算歌』（1640年）をとりあげよう。これは和算開祖毛利重能の三大門生の1人今村知商が書いたもので，因は乗法，帰は除法だから，〝乗除法計算の歌〟ということになるかな。

　本の序文がおもしろいので示しておこう。（右）」

　2人はこれを読んで大笑いしました。

「お父さん，現代でも通用する文ですね。いつの時代も〝いまの若い者は……〟ということでしょうか。」

「そんなものさ。残念ながら。

> 今どきの幼き人を見るに用に立たぬ歌を唱い，わるさをし，それとなく，いたずらに日を送りぬ。これをなげかわしく思い，とても唱わん歌ならばと，三（み）十一文字（ひと）の文字の内に，それぞれの算を集となし，算歌と名づく。願くば幼き人，この歌を口にし，算書を手にせん後の宝と成りつべし。

算歌の 1 例をあげよう。

この正四角錐の体積の公式のおぼえ方は,

　"方錐は方(1辺)かけ合せ

　　たつ(高さ)をかけ

　　三つにわりてぞ

　　　　坪数(体積)としる"

とある。

方錐(正四角錐)

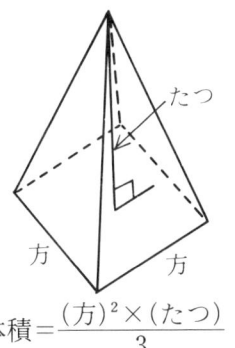

体積 $= \dfrac{(方)^2 \times (たつ)}{3}$

五七五七七で和歌調なので,暗誦しやすいな。」

「いま僕たちが $\sqrt{2}$ の値を "イヨイヨ兄さん"(1.414213…)といっておぼえているのと同じようですね。

ところで『口遊』の方はどうなったのですか。」

「まずは竹束問題といこう。

同じ太さの竹を束ね,その断面を見ると,右の2通りの形になる。

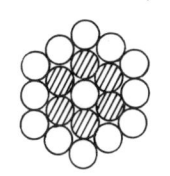

これが竹束問題なんだが,ここで2人に問題を出そう。

右のタイプ1, 2 はそれぞれ中心部を入れて3周になっているね。

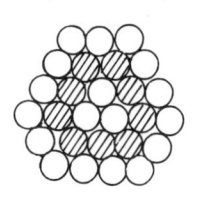

いま5周までを作ったとき,

その本数は中心から数えて,各周それぞれどんな数列ができるか。

というものだ。考えてごらん。」

いまの図からだと,次の数列になっていますね。

(タイプ1)　1, 6, 12
(タイプ2)　3, 9, 15

さて, この先は?

真理子さんが，ていねいに図を描いてもってきました。

「できました。どんな規則で並んでいるのかわからないので，ともかく描いてみました。

これから，数列は，

1，6，12，18，24

です。いいんでしょう。」

「僕は規則を考えてみました。

1周ふえるたびに6本ふえる

（六角形なので各辺で1本増）

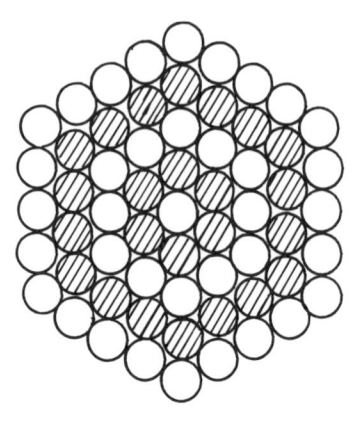

ことがわかったので，タイプ2の数列は上のようです。」

3　9　15　21　27
　6　6　6　6

「2人ともよくできたネ。

真理子のタイプ1も2周目から，やはり6本ずつふえる，という規則があるだろう。そうなると面倒な図を描かなくてすむ。ただし，美しい図形を描いて楽しむ，ということなら話は別だけれどね。」

「そうよ，あたしは美を追求したのでーす。」

「マアマア，ムキになるなよ。それでは『口遊』の1問に挑戦してもらおうか。

　今有竹束，周員二十一，問総数幾何

答を出してごらん。」

「お父さん，これは簡単です。僕の方の問題ですから，

　3＋9＋15＋21＝48

つまり48本です。もっと多いと計算が大変ですね。」

「本では，術に曰く，として公式の形で，右のように計算しているからすごいね。」　$\dfrac{(21+3)^2}{12}=48$

「ほかにどんな問題がありますか？」

「病人問題というのがある。

それは病人の生死を占う計算なんだよ。」

「そんなのも数学の問題になるんですか？」

「いいかい。いま計算方法をいうから自分の年齢で計算してごらん。

克己は16歳，真理子は14歳だったね。ではいうよ。

"九九，八十一"の八十一に，十二神の十二をたす。合計で93だね。93を定数とし，これに病人の年齢をたして，その結果を3で割る。3で割って割り切れずに余りがあるとき，男なら助からずに死に，女なら助かる。

また，割り切れるとき男は助かり，女は死ぬという。

サア，2人が病人になったとして自分の年齢について計算してごらん。」

2人は次のように計算しました。

（真理子さん）　　　　　　（克己君）

$(93+14) \div 3 = 35$ 余り 2　　　$(93+16) \div 3 = 36$ 余り 1

　　助かる　　　　　　　　　　死ぬ

計算し終えた克己君は，

「縁起でもないよ。マアいま病人じゃあないからいいけれど，こんな計算で殺されたらかなわない。」

と怒っています。

「この病人問題では，別の計算式もある。占いとはいうものの病人にはよくないね。」

「次の『継子算法』というのは，どんなパズルですか？」

"助かる"と出た真理子さんは気をよくして聞きました。

「藤原通憲——後の有名な信西入道——が，考案し記録にとどめた，といわれているもので，その2年後，信西入道は平治の乱で源義朝（頼朝の父）に殺された。日本史上では有名な人物だよ。

『継子算法』は，これに似たものがヨーロッパにもあるので，中国経由で伝えられたのか，彼の独創なのか明らかではない。」

「日本に古くからあるパズルの中には，独創も相当あるでしょうが，外来のものもあるんでしょうね。ところで，これはどんな話ですか？」

「信西入道から200年後の『徒然草』（吉田兼好著）や400年後の『塵劫記』（吉田光由著）に"まま子立て"の名で登場しているのだから，日本人が好きな問題なんだろうね。」

「アラ！　あたし『徒然草』読んだけれど気付かなかったワ。あとでもう一度読みなおしてみよう。」

「ではそろそろ，『継子算法』の中味に入ることにしよう。

あるお金持ちが，先妻の子15人と後妻の子15人，合計30人の子を持っていた。ところが急死したため，財産を継ぐ子1人を決める必要が起きた。

（いまの日本では，きょうだいで平等に分配するが，昔はふつう長男1人が継いだ）

後妻はなんとか自分の子に継がせたいと思い，次の方法で決めることにした。

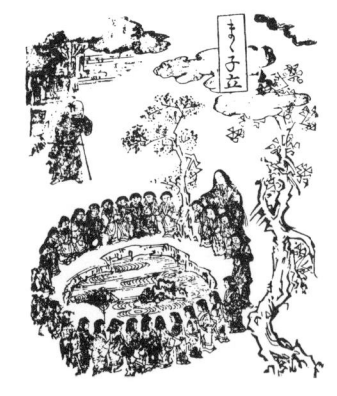

『塵劫記』の絵より

まま子（先妻の子）と実子とを右の図のように並ばせ，★の子から右回りに数えて10人目を除く（失格）。また，それから数えて10人目，10人目，…と除いていき，最後に残った子を後継ぎにすると決めたのさ。

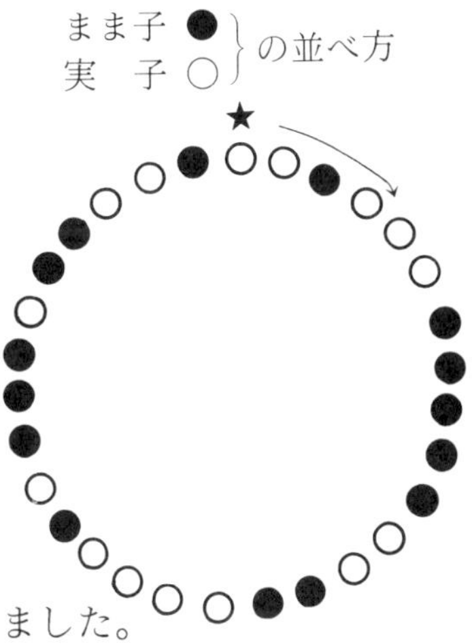

　さあ，どうなるか真理子やってごらん。」

まま子 ● ｝の並べ方
実　子 ○

　早速，真理子さんが数えはじめました。

　あなたも，ひとつやってみてください。（碁石を使ってみましょう）

「アラッ，お父さん，黒（まま子）が全部なくなって，白（実子）だけになってしまいました。

　これは後妻の陰謀でしょうね。」

「陰謀にしても，うまくできているナー。信西入道は頭のいい人ですね。」

「これでは，あまりに悲劇のままで終ってしまうことになるだろう。そこはさすがお坊さんなので，もう少し希望をもたせてくれるんだよ。

　14番目のまま子が除かれたとき，ただ1人残ったまま子が継母に向ってこういいました。

　〝お母さん，あまりにも私の仲間ばかりが除かれます。いまから数え方を変え，私から数え始めてもらえませんか〟

　と。継母は1：15なので安心して，この子の希望を聞き入れてやることにしました。

ということになった。

「では真理子，続けて数えてごらん。」

「ハーイ！」

あなたも右の図を使ってその後どうなるかを調べましょう。

───────

「おもしろく，ふしぎで，また教訓的なパズルですね。

アッ，それから『徒然草』を調べたら，137段の中に〝継子立といふものを双六の石にて作りて…〟とありました。」

「お父さん，次は『拾芥抄』のパズルを教えてください。」

「では，その書（『簾中抄』との説あり）の中にある有名な〝目付け字〟について説明しよう。

これも後世の種々の本に載っているおもしろい問題なのさ。

一言でいうと，A，B2人がやる遊びで，Bが右上の絵の中の字1つを頭に思い，それをAが質問して当てる，という数学パズルだよ。

右のA，Bのやりとりでどんなものか想像つくだろう。」

14番目の子

15番目のまま子

『塵劫記』（上）の表紙の裏

A「好きな字を1つ考えなさい。」

B「ハイ，考えました。」

A「その字は，一番目の枝のどこにありますか？」

B「葉の上にあります。」

A「では，二番目の枝では？」

B「花の上にあります。」

A「三番目の枝ではどうですか？」

B「………」

熱心に聞いていた克己君が，

「お父さん，僕小学生の頃買ってもらった雑誌の付録に似たようなパズルがあったのを思い出しました。」

「そういえば，あたしも少女雑誌のお正月遊び付録で"十二支当て"というのがあったワ。」

「真理子，ナニ？　その十二支当て(えと当て)というのは——。」

「確か机の引き出しにしまってあるので，もってくるわ。」

そういい残して自分の部屋に走って行きました。

ニコニコしながらもどってきて，

「やっぱりあったワ。小学生の頃，お兄さんと一緒にこれで遊んだはずよ。おぼえていない？」

「アア，思い出したよ。

あなたの"えと"は，カードⅠにありますか。Ⅱには，………

カードⅠ

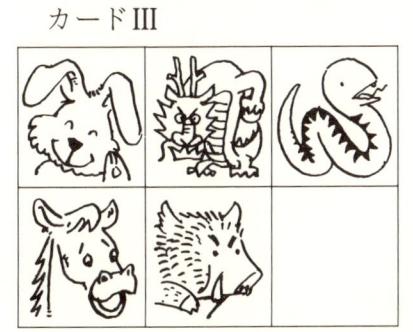

カードⅡ

カードⅢ

カードⅣ

とⅠ～Ⅳのカードについてあるかないかを質問しその結果から，相手の〝えと〟を当てる遊びだったね。

折角，もってきたのだから，ちょっと2人でやろう。」

あなたも，誰かを相手にして使ってみてください。(P.49参照)

「さあさあ，いつまでも遊んでいないで次へ進もう。

次は，古枡(ます)と京枡の話だ。

これにはいろいろな伝説があり，根拠は明確ではないが有名なパズルだよ。

戦国時代が過ぎ豊臣秀吉の頃といわれているが，それ以前の枡，つまり古枡は右のように，

縦，横それぞれ5寸で深さが2.5寸だった。

ところが平和になって農民から納税させるとき，新しい枡を作り，それを〝1升(しょう)枡〟と定めたんだよ。

そして農民に対して，

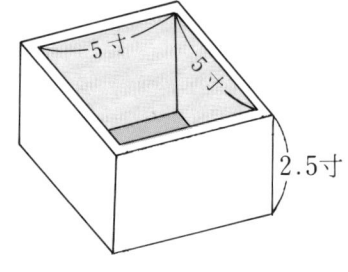

1寸は約3cm

〝縦，横を0.1寸ずつ短くするが，その分高さを0.2寸高くするので，実際の量は変化がない枡である〟

と説明したという。

当時の農民は割算はおろか掛算もできないので，なるほどと納得したという話さ。」

「計算ができない，ということは無知につながることなんですね。だからダマされてもわからない。」

「よく新聞やテレビに出るねずみ講にひっかかる人も，計算に無知だからでしょう。数学というのはやはり大切なんですね。

ところで農民は，このことを気付いたのですか？」(P.49参照)

2 奈良・平安時代の数学

♩♩♩♩♩ できるかな？ ♩♩♩♩♩

本文中で，未解決や話題が途中だった3つの内容について，ここで考え，片付けてもらうことにしましょう。

（話題1）古代各民族は〝刻み〟による数字をもっていた（P.38），と述べました。では具体的にどのような数字だったかを考え，下の表をうめなさい。

民族＼数字	1	2	3	4	5	……	10
シュメール（バビロニア）						……	
エジプト						……	
ギリシア						……	
ローマ						……	

（話題2）相手の〝えと〟（十二支）を4枚のカードを使って当てるゲーム（P.47）のやり方を説明しましょう。

カードの数

$I = 2^0 = 1$
$II = 2^1 = 2$
$III = 2^2 = 4$
$IV = 2^3 = 8$

もし，相手がカードⅠとⅣにあるといったときは，右の表より Ⅰ＋Ⅳ＝1＋8＝9 だから，十二支の9番目ね，うし，とら，う，たつ…で「さる」が答。

また，相手が，カードⅠ，Ⅱ，Ⅲ にある，といったときは Ⅰ＋Ⅱ＋Ⅲ＝1＋2＋4＝7だから「うま」が答。

では，このカードはどのような規則で作られているのでしょうか。

（話題3）米俵は4斗ですから，1升枡で40回も測るため，農民は直感で古枡との差を感じとったそうです。では1俵についてどれだけ差があるのでしょうか。（1俵＝4斗＝40升）

3

和算と『塵劫記(じんこうき)』

1　開祖 "毛利重能(もうりしげよし)"

「世界に誇る日本の数学 "和算" の開祖は，秀吉時代に中国に渡りソロバン（算盤）を持ち帰った毛利重能，となっている。」

「あたしは，ソロバンについて前から2つの疑問をもっていました。1つは最初にこれを創った民族はどこか，もう1つはなぜソロバンというのか，ということです。」

「いい疑問だよ。お父さんも昔これに興味をもち，いろいろ調べたことがある。（西安1週間の他，シルクロードの旅など）

まず，ソロバンの歴史だが，はじめに，なぜこうした計算器具が必要とされたのか？　ということを考えるのが大切だ。克己はどう思う。」

「それは古代各民族の記数法（前ページ）によるのでしょう。古代の記数法は共通して "桁(けた)記号（単位）記数法" です。」

「お兄さん，それはどういうこと？」

真理子さんが遮るようにしゃべりました。

「古代エジプト数字を代表していうと，右のように各桁ごとに新しい単位の数字があるのが特徴なんだよ。

こういう記数法では，たし算，引き算には便利だけれど，掛算，割算には不便なのさ。」

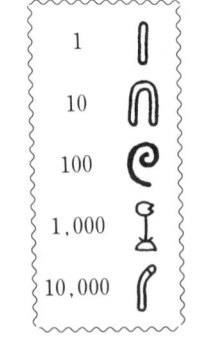

「そこで計算器具が必要になる。というわけね。
　現在，あたしたちが使っている"位取り記数法"（0を使用）では四則計算が筆算で自由にできるけれどね。」
「位取り記数法だと，なぜ筆算がうまくできるのかい？」
お父さんがいじわるな質問をしました。
あなたは，なぜだと思いますか？
「わかりました。位取り記数法とソロバンの構造とが同じだからです。どちらも空位（ある位に数字がない）のときそこの数字は0というきまりになっていて，これでは数字の位取り（位置）が重要です。」
「よくわかったね。そういうわけだ。
　では再び，克己に質問だよ。
　大昔から現代のソロバンへ，というのに，どんな変遷があったと思うかい。」
克己君はしばらく考えていましたが，
「前読んだ本によると，
(1) 初期（バビロニア頃）は，砂や土の上に石を並べ，それを動かして計算した。——砂ソロバン
(2) 中期（ギリシア，ローマ時代）は，木や大理石に溝を掘り，その中に小石を入れて使った。——溝ソロバン（アバカス）
(3) 後期（ロシア，中国など）は，小石や木玉に棒を通し，上下だけ動くようにした。——現代ソロバンの原型（算盤）
とあり，次第に発展していったようです。
　しかし，世界中にインド発明の位取り記数法がゆきわたり，筆算が広まると，ごく一部の国（日本，中国など）を除いて，ソロバンが使われなくなりました。」
「計算の歴史はソロバンの歴史，といってもいいぐらいだよ。」

「ヨーロッパでは，13世紀にイタリアのフィボナッチが名著『Liber Abaci』を出版し，位取り記数法を紹介。それから筆算が広まったのに，18世紀まで，ナント500年間も算盤か筆算かで，争われ，たびたび両者の公開試合が行われた，というのだから，ソロバンの伝統・支持というものはものすごいだろう。
　いまの日本でもソロバン塾が繁盛しているからね。」
「お父さん，Abaci というのはアバクスのことで，ソロバンではないのですか？」
「そう解釈して『算盤の書』と書いてある本もみかけるが，それは誤り。まず内容にひとつもソロバンのことは書いていない。もうひとつ，当時の Abaci というのは広く計算のことをさしていたのさ。だから日本語にするなら『計算書』とするのが正しい。」
「アノ～。お話中ですが，なぜソロバンというのですか？」
「真理子の第2の質問だったナ。次の諸説がある。
　○中国発音　スワッパンからきた
　○算盤が，サンバン，サルバン，ソルバン，ソロバンと発音の変化からきた
　○珠をそろえるという揃盤(そろ)からきた
　○珠がサラサラ鳴る音からきた
　お父さんは中国発音からきたものと思うけどね。」
「そろそろ，和算の開祖，毛利重能という人物を紹介してください。」
「近世の人，せいぜい400年程前の人なのだから，もっと正確な資料があってもいいのに，伝説的なことしか知られていない。

3 和算と『塵劫記』

　池田輝政の家臣ということなので,先祖は有名な毛利家かもしれない。中国から帰国後,二条京極に『天下一割算指南所』の看板を立て,ソロバン塾を始める,と伝えられている。」

　「"天下一"というのがスゴイですね。門弟は集ったのですか？」

　真理子さんも笑いながら,

本能寺

（ソロバン塾はこの近くにあった）

　「和算の開祖だけではなく,ソロバン塾の元祖でもあるんですね。いまはやりの"元祖ナニナニ"よ。」

　「看板を出した頃は,もう徳川時代で,京都,大阪,堺など商業活動が盛んになりはじめていただろう。

　商業活動のためには,金銭・物資関係の計算が必要になる。そんなときのソロバン塾開設だからたくさんの人たちが入塾を希望し,門弟数百人という盛況だったそうだ。」

　「商人としては我も我も,ということでしょうね。開塾のタイミングもよかったのですね。」

　「一説によると,毛利重能はあまり数学の力はなかったそうだが,教育者として優れた才能をもっていたという。

　スポーツでも選手時代はたいしたことなかったが,監督としては素晴らしいという人がいるね。そんな人だったのだろう。」

　「開祖というほどの人なので,すぐれた門弟がいたのでしょう。」

　「それはあとで話をしよう。彼は『割算書』（わりざんしょ）（1622年）を出版している。ソロバンによる割算などのほか,日常諸算や測量のこともでているそうで,現存する最古の数学書といわれる。」

　「割算書なのに割算だけではないのですか？」

　「先程の Abaci と同じで,当時数学の代名詞だったようだ。」

53

2 毛利門弟の活躍

「毛利には，後世に名を残す3人の高弟がいた。

吉田光由は『塵劫記』の著者としてこれまでも話題にしたね。

あとの2人は右の和算系譜でわかるように，たくさんの優秀な門弟を育てている。

とりわけ高原の高弟〝関孝和〟は和算の基礎を築き，関流の開祖として重きをなしたので，日本人なら是非知って欲しい教学者だよ。」

真理子さんが自信なさそうに，

「今村知商という数学者は，子ども向けの数学書『因帰算歌(いんき)』を書いた人でしょう。」（P.40）

「よくおぼえていたね。専門書『堅亥録(じゅがいろく)』も出版している。

これは，毛利の『割算書』，吉田の『塵劫記』についで日本での3番目の本だった。」

「堅亥というのはどんな意味なんですか？」

「これは人名だよ。中国の数学者で，古代の王の禹(う)に仕え，治水に功があった人で，彼の名をとったそうだ。内容は，

　　大数，小数，度量衡，掛算，割算，さらに開平，開立
　　円，球，円錐など

というようで，なかなかしっかりした数学書のようだ。」

毛利重能
├─ 吉田光由
├─ 高原吉種
│　├─ 磯村吉徳
│　├─ 内藤治兵衛
│　└─ 関孝和 ⇒（関流）
└─ 今村知商
　　├─ 隅田江雲
　　├─ 安藤有益
　　└─ 平賀保秀 ― 村松茂清

3 吉田光由と『塵劫記』

「この辺で,お父さんの好きな『塵劫記』の中味についてお話してください。」

「まず,書名からいこう。

この書は,天竜寺の僧舜岳玄光が命名したもので,序文の中で次のように述べている。

"これを名づけて塵劫記という。けだし,塵劫来事,糸毫も隔てずの句にもとづく。"(この書に載せる数学は,塵劫たっても少しも変らない真理である)と。

『塵劫記』

『塵劫記』は1627年の初版で,大型4巻として出されたが,その後,付録を出したり,増補したり,多少変更がある。」

「吉田光由は,中国の名著『算法統宗』(1593年)を参考にして作ったというけれど,本当ですか?」

「彼自身が再版本に,はっきり次のように書いている。

"我,稀れに或る師につきて,汝思の書(算法統宗のこと)を受けて,是を服飾とし,領袖として其の一二を得たり。その師に聞ける所のもの,書き集めて十八巻となして,その一二三を上中下として,我におろかなる人の初門として伝へり。"」

「難しくてあまりよく意味がわからないワ。少していねいに説明してください。」

「では,順序にそって説明しようね。

(1) "或る師" とは,毛利重能ではなく,親類の角倉素菴のこと。素菴からこの本を与えられたともいう。

(2) "汝思" とは算法統宗の著者である明の程大位(1533〜1606)のことでこれはその字。

それ以上は，またあとで説明していくことにしよう。」

「当時の数学の本といえば，中国輸入のものはもちろんのこと，数少ない日本のものも漢文で書かれているのでしょう。『塵劫記』は，従来にない，まったく新しい数学本と聞いていたけれど，その特徴はどんなものですか？」

「後世に，寺子屋で子どもが教科書代りに使っているのだから，易しさは想像がつくだろう。

お父さんが読んだ感想は右の5つだ。漢字と数字だけの堅苦しい本からみれば，革命的な本といえるだろうね。

ここでよく考えると，右の(1), (2), (5)は，吉田光由という人はアイデアマンで数学を

〜〜〜『塵劫記』の特徴〜〜〜
(1) 仮名交り文で読み易い
(2) 図や絵が多く楽しい
(3) 色刷りでやわらかい感じ
(4) 教材が幅広く役立つ
(5) パズルなど多く興味深い

楽しくさせる力のある人だナ，ということがわかるが，(3), (4)は費用もかかるし，そう簡単にできるようなものではない。」

真理子さんがふしぎそうな顔をして，

「色刷りと幅広い教材，というのはそんなに大変なのですか。すでに見本の『算法統宗』もあることだし——。」

「いや，お父さんのいっていることはそうではなくて，色刷りとなると莫大なお金がかかる，幅広い教材となると広い経験や知識がないとだめ，ということでしょう？」

と克己君。たかが数学者にそんな資金や経験はない，と直観したようです。まさに，そこが『塵劫記』を研究していくとふしぎに思う2大疑問点なのです。（この書は『算法統宗』を大まかな部分では参考にしていますが，庶民向けと学者向けの差があり，ずいぶん違う面もあります。）

3 和算と『塵劫記』

「よし，その疑問解明のために吉田光由の家系を見せよう。

おもだった人物は右のようだよ。」

「吉田家は，角倉とどう関係しているのですか？」

「吉田家第九代の徳春が，〝角倉〟の屋号を名乗ったのさ。

彼は大商人で，足利義満，義持に仕え，遣明貿易にたずさわり，ものすごい財閥にのしあがった。実業家のほか，医学の心得もあり，学者としても立派な万能人間だったという。

角倉二代宗臨，三代宗忠も才能ある実業家で宗忠は織田，豊臣に仕え，政財界の大物として大活躍をした。」

「お父さん，家系の真中にある了以というのは，朱印船をもち，富士川，天竜川などの改修，用水高瀬川造りその他土木工事などした人ですか。」

真理子さんが大発見したような声を出しました。

「よくおぼえていたね。お父さんも学生時代に歴史で習った角倉了以と，その後に知った吉田光由とが親類だと知ったとき，ビックリしたよ。」

ちょっと取り残されたような克己君が口を開きました。

「ところで，この大財閥一族と色刷りとが，どんな関係にあるのですか？」

角倉（すみのくら）の家系

宗忠（実）
├─ 宗桂（医）
│ ├─ 了以（医）── 素庵（学）
│ │   ├─ 平次（実）（嵯峨角倉）
│ │   └─ 与一（実）（京角倉）
│ └─ 宗恂（医）
├─ 六郎左衛門 ── 宗運 ── 周菴
└─ 与左衛門（実）── 栄可（実）（大覚寺角倉）── 好和 ── 栄甫

素庵 ──→ 道中七兵衛（光由）（学）

（実）は実業家，（医）は医者
（学）は学者

高瀬川（京都）

勢いに乗った真理子さんが話を最後まで聞かずに，
「お兄さん，よーく考えてごらんなさい。

昔，本を作るには1ページごとに活字ではなく，木をほって版木を作ったのよ。たとえば，この『塵劫記』復刻本の上巻だけで100ページ，版木が50枚いるでしょう。それに加えて色刷りのページがある。

ところが，版木は500枚ぐらい刷ると，凸部が磨滅して使えなくなるというのだから，たくさんの部数となると大変な資金が必要となるわけよ。

貧乏数学者では，色刷りの上，中，下3巻の本なんか，とても出版できないでしょう。」

「ナールホド。そういうことか。」

克己君は妙に感心しています。真理子さんが息もつかず，
「光由は，角倉家の一員として金融，売買，両替などの実業方面の知識とともに，土木，検地，舟運，架橋などという，ふつうの数学者ではとても知らない種々の材料をもっていたのですね。

ベストセラー，ロングセラーとなる本の裏には，こうしたいろいろな条件があるということですか。」

「『塵劫記』という1冊の本の中に，ずいぶんたくさんの社会の縮図や教訓が入っていますね。

それにしても角倉一族にはすごい人が多いですね。実業家，医者，学者が何人も出ている。

僕もこういう家系に生まれたかったナ——。」

「それは，お父さんも同感だ。ともあれ，『塵劫記』のかくされた話をおぼえておきなさい。」

4 『塵劫記』の主な内容

「いよいよ名著の中味を教えてください。

数学としては，どのレベルなんでしょうか？」

「寺子屋で使ったぐらいだからそう難しくはない。あとで何問か解いてもらうことにしよう。

まず目次を示すから見てごらん。

お父さんの持っている復刻本によるものだから，上，中，下の3巻で，次のようだよ。」（次ページ参照）

2人は第1～第48の項目をていねいに見ていましたが，

「いまの教科書のように，一次方程式とか，関数のグラフとか相似形といった数学の内容を示す項目ではなくて——いいかえると数学の体系ではなくて——数学を使う日常・社会生活の項目になっているのですね。」

「この，お父さんの作った分類で見ると，著者が広い学識をもっているのがわかります。それはさっき話のあった角倉一族だからですね。ずいぶん範囲が広いと思いますが，参考にしたという『算法統宗』と，どこが似て，どこが違いますか？」

「そうだね。まず似ている（参考にしている）ところは，
  ○数量や度量衡，九九や割算
  ○文章題では金銭，穀物，田畑などの問題
  ○数学上では，比例，級数，平面・立体の求積と開平・開立
違うところ（吉田光由の独創）は，
  ○項目名（章題）が大変やわらかい。
——『算法統宗』は『九章算経』を真似て「巻二方田章」という形式——
  ○庶民向けなので難問や高度の内容がない
  ○いろいろなタイプのパズルが豊富にある
こんなところだろう。」

〔上巻〕

第1　大数の名(かず)の事
第2　一よりうちの小数(かず)の名の事
第3　一石(こく)よりうちの小数の名の事
第4　田の名数(かず)の事
第5　諸物軽重の事 ｝数量と度量衡

第6　九九の事
第7　八算割りの図付掛け算あり
第8　見一の割り図付掛け算あり
第9　掛けて割れる算の事 ｝ソロバンの使用法

第10　米売り買いの事
第11　俵(ひょう)まわしの事
第12　杉算の事
第13　蔵に俵の入りつもりの事 ｝米関係

第14　ぜに売り買いの事
第15　銀両がへの事
第16　金両がへの事
第17　小判両がへの事
第18　利足の事 ｝金融関係

第19　きぬもんめん売り買ひの事

〔中巻〕

第20　入子算
第21　長崎の買物，三人相合買い分けて取る事
第22　船の運賃の事
第23　検地の事 ｝売買など

第24	知行物成の事	⎫
第25	ますの法付昔枡の法あり	
第26	よろづにます目積る事	面積，体積
第27	材木売り買ひの事	容積など
第28	ひわだまわしの事付竹のまわしもあり	
第29	やねのふき板積る事付勾配の延びあり	
第30	屏風に箔置く積りの事	⎭
第31	川普請割りの事	⎫ 普請など
第32	堀普請割りの事	⎭

〔下巻〕

第33	橋の入目を町中へ割りかける事	⎫
第34	立木の長さを積る事	測量
第35	町積りの事	⎭
第36	ねずみ算の事	⎫
第37	日に日に一倍の事	積算
第38	日本国中の男女数の事	（P.72参考）
第39	からす算の事	⎭
第40	金銀千枚を開立法に積る事	⎫
第41	絹1反，布1反，糸の長さの事	
第42	油分ける事	パズル的
第43	百五減の事	な問題
第44	薬師算といふ事	
第45	六里を四人して馬三匹に乗る事	⎭
第46	開平法の事	⎫ 平方根
第47	開平円法の事	立方根
第48	開立法の事	⎭

「少し問題に挑戦してみたいと思いますから,お父さん問題を出してください。」

「アラ！　あたしもおつき合いさせられるの。数学好きの兄貴をもつと妹は迷惑するわネェー。」

「では,それぞれに別のものを出そうか。

原文のまま示すから,がんばって読んでみてごらん。

（真理子用）　　　　　　　　（克己用）

第四十四　薬師算といふ事

かくのごとく、四方に並べて、一方面八つづつある時、かた一方の八つをばそのまま置き、三方をばくづして、八つづつ並べてみれば、半四つあり。この半ばかりをいふ時に、（図略）二十八あるといふ。

第四十二　油はかり分ける事
斗桶に油一斗あるを、七升の枡と、三升枡と二つある。これにて、五升づつ二つに分けたきといふ時、まづ、三升の枡にて七升枡へ、三ばい入れ申し候時、三升枡に二升残り申し候時、七升枡にあるを、もとの斗桶へあけて、三升枡にある升を、また七升枡へあけて二升あるを、また三升枡にて一ぱい入るれば、五升づつに分かるなり。

3 和算と『塵劫記』

難しい，難しい，といいながら，2人はなんとか解答を出してお父さんのところへもってきました。

（真理子さん）

「1斗(18ℓ)入る桶に油が1斗入っている。ここに七升枡と三升枡があり，これを使って五升ずつに分けたい」

という問題です。

そのあとは解法で，次のようにやればよい，とあります。

① 斗桶から三升枡3杯分を七升枡に入れる。三升枡に2升残っている。

② この七升枡の7升を斗桶にもどす。

③ 三升枡の2升を七升枡に入れる。

④ ここで三升枡で斗桶から3升をすくい，七升枡に入れると，

⑤ 七升枡に5升入る。

（克己君）

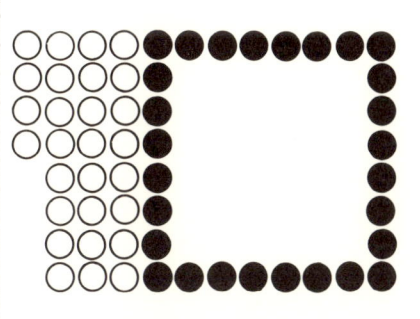

上の黒石の個数を数えるときは，一方に一列に並べ（左の白石のように），3列と4個の半端が出たときは，

$$4 \times 4 = 16$$

それに12を加えて，

$$16 + 12 = 28$$

これからもとの黒石は28個と求める。

（上の12は12神の12です。）

「なんとか理解できたようだね。これは有名な油分け算と薬師算というものだ。油分け算は欧米にもあるが，薬師算は日本独特のものらしい。

"薬師算"の由来は，薬師如来は12の大誓願を立て衆生の病気を救い，12神を従えて12時(昔の一日)を守護したということから，12を使う計算で薬師算とよんだそうだ。（方陣算ともいう）」

♪♪♪♪♪ できるかな？ ♪♪♪♪♪

ソロバンが自由に使えるには，乗法九九のほかに割算九九が暗誦されてなくては駄目です。

そのため『割算書』にも，それを練習するところがあり，右のように，

二一天作五，二進一十

などをおぼえます。

さて，これから，ソロバンのことを"八算"とも呼ぶようになりました。

ナゼ，ソロバンが八算なのでしょうか？

次に『塵劫記』の中から問題をとり出してみましょう。

右の図は，「第三十四　木の長さを鼻紙にて積る事」というもので，文の意味は，

"鼻紙を折り，小石を紙こよりで釣り下げ，木の頂上を見上げる。

このときいるところから木の根まで7間（約14m）で，居丈（目の高さ）が3尺のとき，木の高さは7.5間である"

とあります。どうしてでしょうか。

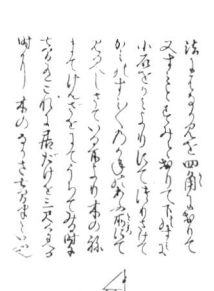

64

4

算聖 "関孝和" と門弟たち

1 人間 "関孝和"

「和算を代表し,また和算中興の祖といわれる関孝和という人はどこの生まれですか？」

「群馬県藤岡の生まれで,次男だったので関家へ養子にいっている。幼児の頃から頭がよく,村人から神童といわれたそうだ。

6歳のとき,大人がソロバンで計算をしているのをそばで見ていて,誤りを指摘したという。

1642年（寛永19年）生まれだが,その頃の日本や外国の有名事項を調べてみると次のようだよ。」

	〔日本〕		〔外国〕
1637	参勤交代制始まる	1618～48	三十年戦争（宗教戦争）
〃	本阿弥光悦死ぬ		
1637～38	島原の乱	1632～53	タージ・マハール築造（インド）
1641	鎖国の完成		
(1642)	関孝和生まれる ←→	(1642)	ニュートン生まれる（イギリス）
1645	宮本武蔵死ぬ		
1651	陶工柿右衛門生まれる	1646	ライプニッツ生まれる（ドイツ）
1657	水戸黄門『大日本史』著作	1650	デカルト生まれる（フランス）

「1600年代というのは，キリスト教禁止，鎖国という対外排除の中で，日本文化は充実し，学者，芸術家，茶人あるいは歌舞伎と華やかだったのですね。

林羅山，中江藤樹，山鹿素行，一方，沢庵(たくあん)，隠元(いんげん)という高僧，さらに狩野探幽，小堀遠州など著名人が続出ですね。」

日本史に強い真理子さんが，一気にしゃべります。

「関孝和は，あのニュートンと同じ年に生まれたのですか。また，同じ微分積分の創設者ライプニッツも4歳違いなんですね。

東西，すぐれた人材の出る時代なんですかネ。

関孝和も微分積分を研究した，というのでしょう。」

（微分積分を詳しく知りたい人は拙著『グリニッジ天文台で数学しよう』を読んでください。）

「ニュートン，ライプニッツは，科学として，また関数として微分積分を創案しているが，関孝和の方は高級な計算術として似た研究をしているということなので，同列にはできないだろう。しかし，関孝和の学力レベルの高さという点では，世界に誇れるものがあるし，後世長く続く関流の基礎確立と優秀な門弟を教育した点では，この2人以上にすばらしい数学者だったといえるだろう。

『発微算法』（1674年）という名著のほか，世界にさきがけて行列式の研究をまとめた『解伏題之法』(だ)（1683年），楕円の面積や周を求める方法を書いた『解見題之法』（1683年）などの著作がある。」

「当時の計算などは昔ながらの算木を使っていたのですか。これだとずいぶん計算が大変でしょうね。」

4 算聖 "関孝和" と門弟たち

「中国から伝来の天元術（方程式解法）では算木を使って解くのだが，関孝和は，これを改良しもっと簡便な筆算による方法を考案してこれを『點竄術』と名付けた。この辺で中国数学のレベルを越えたといっていいだろうね。」

克己君がうれしそうな顔をして，

「教え子が先生を追い越した，というわけですか。うれしいですね。それにしても點竄術ってずいぶん難しい言葉ですね。」

「ところが1字1字の意味からいえば，どういうものか納得できるんだよ。真理子，文字の意味をいってごらん。」

2字をジィーと見ていた真理子さんが，

「點というのは，點火というように火をともすとか，つける。竄は文字を分解すると，穴と鼠で，鼠が穴に逃げ込む，つまり消えるという意味です。

まとめると"つけたり消したり"の術ということですが——。忍術みたいですね。」

「いいところまでいったのに，忍術とはナンダ！

方程式で"つけたり消したり"というと，どういうことかい。」

「お父さん，ワカッタ！ ワカッタ！ 連立方程式の加減法でしょう。漢字は難しいけれど，意味のよくわかる用語ですね。」

「関孝和は1708年になくなり，江戸弁天町の浄輪寺に葬られた。先日，うちのお墓参り（榎町"宗参寺"和算家山崎与右衛門や儒者・兵学者山鹿素行の墓がある）に行ったら，道路を隔てた反対側の方にその寺があり，写真をとってきた。見てごらん。」（この寺の入口に大きな石碑がある）

新宿区弁天町浄輪寺

2　和算の系譜

「和算は約300年続いたのでしょう。

古代ギリシアが開祖ターレス(B.C. 6世紀)から始まって，ユークリッド(B.C. 3世紀)による幾何学書『原論』までが300年です。

中国では2世紀の『数術記遺』(徐岳)から名著算経十書の大部分が作られた，6世紀初期の『綴術』(祖沖之)まで約300余年でしょう。

イタリアのフィボナッチが『計算書』を出版してから約300年で，西欧で計算法が完成しています。

こう見てくると，大きな数学内容の完成には約300年が必要だ，といえそうですね。」

「克己はなかなかおもしろい着眼をしたね。

〝数学完成300年説〟という提案をしたら，世人が興味を示すだろうよ。

そういえば，19世紀始めに完成したポンスレの『射影幾何学』もレオナルド・ダ・ヴィンチから300余年を経ているね。

もっといろいろ調べるとおもしろい発見があるかも知れない。」

「お父さん，300年間も後継ぎがあって発展するには，何か強烈な魅力とか，利益とか，牽引力とかそんなものがあると思うのですが，和算の場合はどうだったのですか？」

原因の方に興味をもつ，いかにも真理子さんらしい質問です。

「では，まず300年間の系譜を見てもらおうか。」

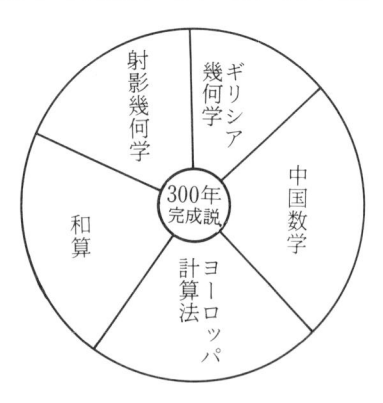

4 算聖〝関孝和〟と門弟たち

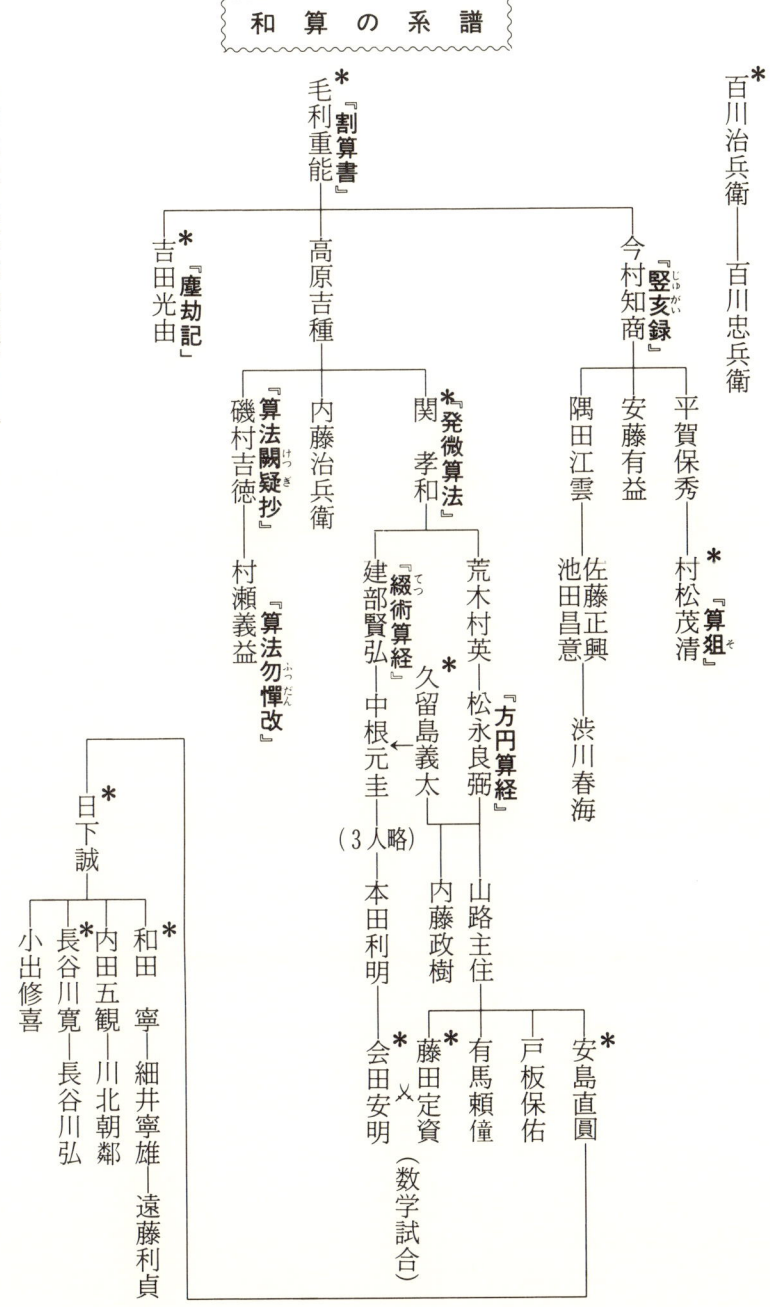

和算の系譜

*印は後に本文で解説する人

- *百川治兵衛 ─ 百川忠兵衛
- 毛利重能
  - 『割算書』
  - *吉田光由 『塵劫記』
  - 高原吉種
    - 内藤治兵衛
    - *磯村吉徳 『算法闕疑抄』
      - 村瀬義益 『算法勿憚改』
    - 関孝和 『発微算法』
      - 荒木村英 ─ 松永良弼
      - *建部賢弘 『綴術算経』
        - 久留島義太
        - 中根元圭 『方円算経』（3人略）
          - 内藤政樹
          - 山路主住
            - 戸板保佑
            - 有馬頼僮
            - *藤田定資 ×（数学試合）
            - *安島直圓
              - 会田安明
              - 本田利明
      - *日下誠
        - 和田 寧 ─ 細井寧雄 ─ 遠藤利貞
        - *内田五観 ─ 川北朝鄰
        - 長谷川寛 ─ 長谷川弘
        - 小出修喜
  - 今村知商 『竪亥録』
    - 安藤有益
      - 平賀保秀
      - *村松茂清 『算爼』
    - 隅田江雲
    - 佐藤正興
    - 池田昌意 ─ 渋川春海

「アラー，すごい人数ですね。主要な人だけで40人近くもいるわけですか。」
「何でもそうだろうが，和算は出だしがよかったのさ。
第1段　毛利の『割算書』で，商人がソロバンを通して数学を知った。
第2段　吉田の『塵劫記』で，全国的に子どもが数学を学ぶようになった。
第3段　今村の『竪亥録』で，学問としての数学に興味をもつ人がふえた。
ということだろう。初期の名著3冊が，それぞれ異なる読者を対象とした本であったことから，日本中の人に関心をもたせる結果になったと思われるよ。」
「うまい具合に動き出した，ということですね。
そして次に関孝和が"学問"らしくまとめた，そうでしょう。」
「前ページの系譜で，中期の和算家の代表的名著を示しておいた。1つ1つ説明したいところだが，省略し，松村茂清の『算俎(さんそ)』（1663年）だけをとりあげることにしよう。
　2人は赤穂浪士の忠臣蔵を知っているだろう。」
「ナァーニ，お父さん突然に。」
「村松茂清の子と孫が討入りに参加しているんだよ。」
「その時代の人ということですか。で，『算俎』の中味は？」
「村松の塾は，磯村の塾と人気を二分したほど有名なものだった。円周率を求めたり，球の体積を求めたりしたが，球の場合では1尺の玉をうすく千枚に切り，それぞれ体積を求めて加え合わす，という積分の考えを用いたので有名だよ。」

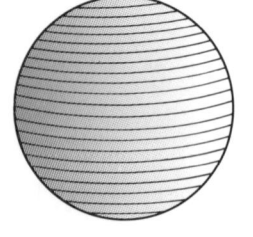

3 和算の内容

「誰が，どんな本を書いた，というのはあまり興味はないけれど，和算ではどんな数学をやったのか，という内容には興味があります。

おもなものについて教えてください。」

真理子さんが，こんな希望を出しました。

「では，まず名前から示そうかね。

有名なものとしては，右のようなものがある。内容がわかるかい？」

「點竄術はさっき説明を聞いたのでわかるけれど，あとはまるっきりわからないワ。数学好きのお兄さんは？」

「右に同じ，というところ。庶民用では，○○算というのに対し，専門用では，○○術なんですね。

和算の内容
約 術
両 一 術
翦 管 術
點 竄 術
垛(だ) 積(せき) 術
綴(てつ) 術
円 理 術

現代とちがって区別があり，おもしろいナ。」

「では，ひとつひとつ簡単に説明するけれど，2人も考えるんだよ。

まず約術だが，字の示す通り約数などについてのことさ。その中味に，

互約，函約，斉約，遍約，増約，損約，零約，遍通などいろいろあるが，よく字を見ると多少見当がつく。

互約——2つの数の公約数，公倍数を求めること。

函約——3つ以上の数の公約数，公倍数を求めること。

斉約——2数以上の最小公倍数を求めること。

遍約——2数以上の最大公約数を求めること。

をいうそうだよ。」

「この程度なら，中学1年ぐらいですね。」
「しかし，これからは，高等学校になるよ。

　増約——次第に大きくなる無限等比級数の和を求めること。
　　　　（例）　$1+3+9+27+81+243+……$

　損約——次第に小さくなる無限等比級数の和を求めること。
　　　　（例）$1+\dfrac{1}{2}+\dfrac{1}{4}+\dfrac{1}{8}+\dfrac{1}{16}+\dfrac{1}{32}+……$

　零約——2つの数の比の近似値を簡単な2つの数で表す算法。
　遍通——現在の通分のこと。

とあって，無限等比級数が登場してくるんだよ。」
「どうしてこんなものを研究したのですか？」
「円周率や球の体積などを求めるとき，無限等比級数がでてくるし，『塵劫記』での〝積算（つもり）〟の計算でも必要になるだろう。」
「積算というのは，鼠算や日に日に一倍算，からす算など急速に大きな数になる計算ですね。」
「知らない言葉で，難しそうに思えましたが，約術は僕ならできそうだとわかり安心しました。

　では，両一術をお願いします。」
「克己は急に自信をもってきたナ。

　両一術は，いま式で表すと，
　　$ax-by=1$

となる方程式を満たす x，y の値を求める計算をいうんだよ。

　つまり，甲，乙2つの数があり，甲の何倍かと乙の何倍かとの差が1である倍数を求める。」

4 算聖〝関孝和〟と門弟たち

「僕が問題出すから，真理子やってごらん。
$$4x-3y=1$$
で，x と y の値だよ。」

「エエ～ト，y について解いて，

$$3y=4x-1$$
よって　$y=\dfrac{4x-1}{3}$ ……①

x	1	4	7	……
y	1	5	9	……

x，y は整数でしょう。

だから，式①で x の値を入れ，表によって求めると，右のようにいくらでも答の組ができます。$(4x-1)$ が 3 の倍数になればいいわけです。」

「真理子もなかなかだね。これができると，次の翦管術もできる。現在では不定方程式に相当するものだ。

たとえば $\begin{cases} 2x+y+z=0 \\ 4x-y+z=0 \end{cases}$

で，x，y，z の整数値を求める計算がそれだよ。

今度は克己，答を求めてごらん。」

克己君は次のように計算して答を出しました。

$\begin{cases} 2x+y+z=0 & \cdots\cdots ① \\ 4x-y+z=0 & \cdots\cdots ② \end{cases}$

①+②より　　$6x+2z=0$

よって　　$3x+z=0$ ……③

①-②より　　$-2x+2y=0$

よって　　$x-y=0$ ……④

③，④より $\begin{cases} 3x+z=0 \\ x-y=0 \end{cases}$

x	1	2	3	……
y	1	2	3	……
z	-3	-6	-9	……

これから表によって右の各値が得られる。

(注)〝翦〟は剪と同じ字で，切り揃える，という意味がある。

「さすが克己だ，よくできたね。

未知数3つ，x，y，zで方程式が2つだから，解は無数に得られる。これが値が定まらないという意味から"不定方程式"と呼ばれているものだ。

そして現在連立方程式といわれているものに相当するのが，前に話した點竄術だよ。」

「そのおおもとの天元術というのはどういう計算ですか？」

「中国，元時代（13，4世紀）の代表的数学者で名著『算学啓蒙』（1299年）の著者朱世傑が考察したもので，たとえば，"甲を四尺，乙を五尺，丙を六尺買ったら，その値が千二百十九錢で，甲を五尺，………。"

といった連立三元方程式などでは算木を算盤（表）に，右のように置いて計算するのさ。」

「難しそうだけれど，慣れれば早く計算できるんでしょうかね。」

「輸入された天元術をもとに，関孝和は天元演段法というものに改良したが，これは算木ではなく筆算によった方法だ。

このとき，世界にさきがけて"行列式"という計算法を開発した。立派なものだね。」

「高校でやる"行列"というものと同じですか？」

「違うと考えた方がいいだろう。行列式は連立方程式の解法で係数だけで処理する計算法だ。

関はこの天元演段法を改良して帰源整法というものを考案したが，それが點竄術だ。xやyこそ使わないが筆算で解く解法形式は現代と同じだよ。

これは現代だと
$4x+5y+6z=1219$

それにしても昔の数学用語は難しいね。」
「この時代になって,和算がソロバンや算木から離れ,筆算主義になるんですね。
次は垜積術ですか。」
「2人は,この"垜"の意味を知っているかい。」
「僕,見たことないな,この字。
真理子,知っている？」
「あたしも初めて見たわ」 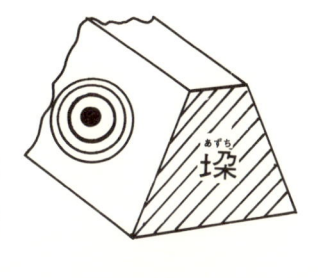
「あづちと読むんだよ。弓術の道場にある的を置く土盛りのことで,台形をしたものさ。
米俵を右のように積んだ形に似ているだろう。」 
「これは数列の問題なのですね。どんな問題があるのですか？」
「2人で次の問題を解いてごらん。
"ある級数で,第3段の数は14,第8段の数は204,第11段の数は506である。第9段の数はいくらか。"」
2人は図を描いたり,数列をかいたりして考えています。
あなたもやってみてください。(解答はP.181)
「ここで,いよいよ和算が誇る『円理術』へと進みたいが,実はそのための準備体操的なものが2つある。
1つは『角術』もう1つが『適尽法』というものだ。」
「"円理術をマスターするには,まず角術をカクジツに学び,次にテキジンに乗り込め"ということですか？」
「また,兄貴の駄ジャレが出たワ。」
「克己は,駄ジャレが出るときは頭がさえているんだよね。

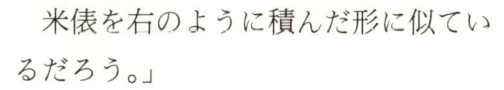

そこで，この2つの内容について予想してごらん。」
「『円理術』というのは，円や球，円周率のことを研究するのでしょう。
　円周率の求め方は，古代ギリシアのアルキメデス(B.C. 3世紀)が，円に内接正96角形，外接正96角形までを作図して3.14の値を得ています。
　これから考えると，『角術』というのは正多角形の周の計算の方法ではないのですか？」

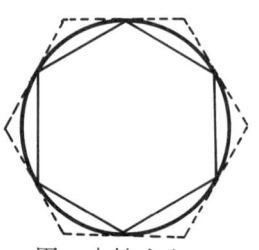

円に内接多角形と外接多角形を作図する

「ズバリ，そのものだよ。正多角形について研究する分野だ。その勢いで，『適尽法』を予想してもらおうか。」
「適というのは適当とか最適とかで，尽は尽くすことだから，もっとも適するものを求め尽くすこと，エート，いまの積分みたいなことかナー。」
「当らずといえども遠からず，でなかなかいい見当だ。
　アルキメデスが積分の基礎を創ったが，それは『積尽法』(取り尽し法，搾り出し法ともいう)とよばれている。それに似ているね。
　数学的にいえば，極大，極小(最大，最小)を求める方法で，たとえばこんな問題がある。
　"五尺のひもを2つに分け，その2つを縦と横にする長方形(正方形も含む)を作るとき，その面積を最大にするにはどのように分ければよいか。"
　おもしろそうな問題だろう。気分転換で挑戦してもらおう。」
　2人は次のような方法で解きました。

4 算聖 "関孝和" と門弟たち

（真理子さん）

コツコツ，次のように計算をして求めた。

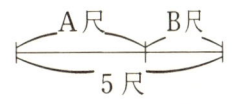

A尺　B尺
　5尺

A	B	面積
4.5	0.5	2.25
4	1	4
3.5	1.5	5.25
3	2	6
2.5	2.5	6.25	（最大）
2.4	2.6	6.24	⎫
2.3	2.7	6.21	⎬ 参考

（克己君）

いま，2つに分けた一方を x 尺とすると他方は $(5-x)$ 尺となる。これでできる面積をMとすると，

$$M = x(5-x)$$

これを計算して，

$$\begin{aligned}
M &= -x^2 + 5x \\
&= -(x^2 - 5x) \\
&= -\left\{x^2 - 5x + \left(\frac{5}{2}\right)^2\right\} + \left(\frac{5}{2}\right)^2 \\
&= -\left(x - \frac{5}{2}\right)^2 + \frac{25}{4}
\end{aligned}$$

よって，

$x = \dfrac{5}{2}$ のときMの最大値 $\dfrac{25}{4}$

これより，2.5尺のときが面積最大。

「お父さん，五尺を5cmとか5mにすれば，高校の教科書にある問題ですね。300年も前に，和算でやっていたなんてタダ驚きです。」

「和算というと現代とはかけ離れたカビくさいものと想像している人が多いけれど，その内容や問題をみると考え方も題材もなかなか新鮮なものだ，ということを発見するね。」

〔問題〕幅20cmのトタンを下図のように左右おなじだけ折り曲げ，切り口がコの字形の水路を作ります。水の流れる量が最大になるには，どこで折り曲げたらよいでしょう。

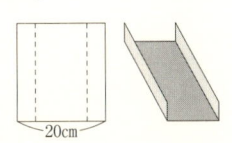

4 関流と他統派

「埼玉大学附属中学校の校長時代に，浦和市の埼玉会館で算額などの展示がある，と友人下平和夫さんからお知らせを受け，見学に行ったことがある。

右の写真は会館の入口に貼ってあったものだよ。」

「下平さんという人は和算研究家なんですか。」

「もう亡くなったが，日本でも指折りの人で，国士舘大学教授，日本数学史学会会長を務め，和算についてはいろいろ教わったり，自著図書の贈呈を受けたりしたよ。

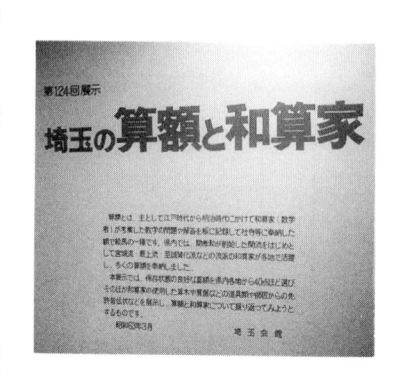

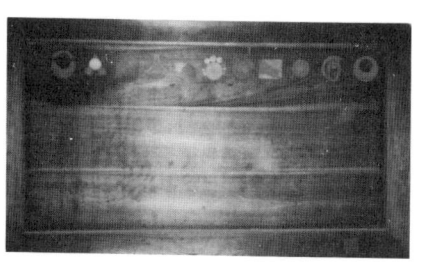

その1冊に『文化史上より見たる日本の数学』(三上義夫著，下平和夫他編)があり，現存算額の一覧表が載せてある。」

「算額というのは何ですか？」

「右上のや次ページの下のものがそれだが，数学の問題を額にして神社，仏閣に奉納し，しかも人々に見せたものだ。

これについては，あとで(P.87)くわしく説明することにしよう。何しろ日本独特の習慣だからね。」

「現在でも残っているのですか。」

「作りなおしたものが多いけれど，本物もずいぶんある。

2人に質問だが，日本中でどの府県に多いと思うかい。」

「そうだナー。やはり江戸，大阪，京都といった人口の多いと

4 算聖 "関孝和" と門弟たち

ころでしょう。」

「あたしは，大〝大名〟といわれる権力があり，学問を奨励した藩だと思うワ。」

「この本から現存面数を拾い出すと，予想に反して，
　東京16面，大阪12面，京都19面，奈良5面
という少なさだよ。」

「奈良が少なくてゴメン，というのがおもしろいですね。」

「またまた，兄さん！ もっとマジメに。」

「では多い方から。右のようだ。

群馬は関孝和の出生地で埼玉は江戸への通り道（騎西，熊谷，加須に多い）ということか。岩手は千葉胤秀（P.94胤英の父）の努力。愛媛はほとんど松山市道後にある伊佐爾波神社，など。しかし，福島に多いのはなぜだろう。

よい教師，藩民性，保存など種々の条件があるんだろうね。

関流からできたいろいろの流派やその他数多い流派についてはあとで説明しよう。

福　島	103面
岩　手	93面
埼　玉	91面
群　馬	71面
長　野	41面
宮　城	39面
千　葉	33面
愛　媛	30面

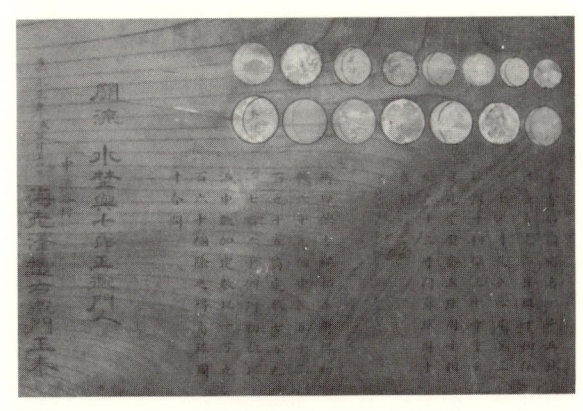

♪♪♪♪♪ できるかな？ ♪♪♪♪♪

和算の問題を紹介することにしましょう。

庶民向けの『塵劫記』と異なり，相当の難問です。

下のはいずれも群馬県内にある算額の問題ですが，〝オホーすごい！〟という感想だけで，解かなくていいでしょう。

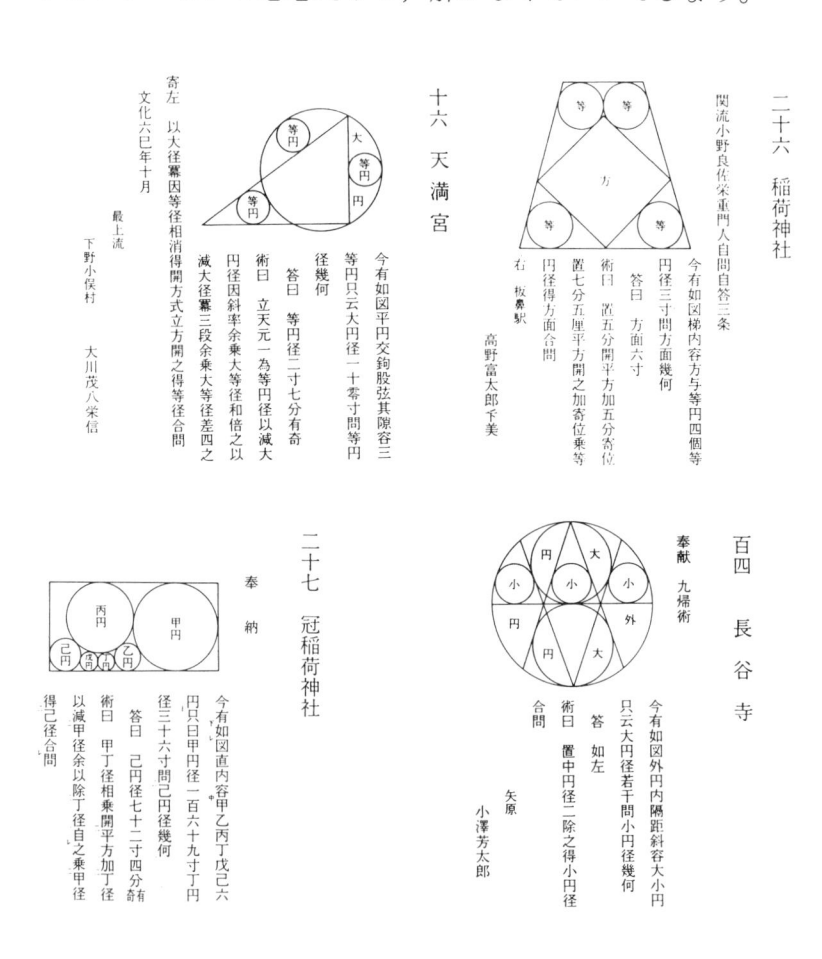

二二六　稲荷神社

関流小野良佐栄重門人自問自答三条

今有如図梯内容方与等円四個等円径三寸間方面幾何

答曰　方面六寸

術曰　置五分開平方加五分奇位置七分五厘平方加奇位乗等円径得方面合問

右　板鼻駅

高野富太郎下美

十六　天満宮

今有如図平円交鈎股其隙容三等円只云大円径一十零寸間等円径幾何

答曰　等円径二寸七分有奇

術曰　立天元一為等円径以減大円径因斜率余乗大等径和倍之以減大径冪三段余乗大等径差四之以減大径冪因等径相消得開方式立方開之得等径合問

寄左

文化六巳年十月

最上流

下野小俣村

大川茂八栄信

百四　長谷寺

奉献　九帰術

今有如図外円内隔距斜容大小円只云大円径若干間小円径幾何

答　如左

術曰　置中径二除之得小円径合問

矢原

小澤芳太郎

二二七　冠稲荷神社

奉納

今有如図直内容甲乙丙丁戊己六円只日甲円径一百六十九寸丁円径三十六寸間己円径幾何

答曰　己円径七十二寸四分有奇

術曰　甲丁径相乗開平方加丁径以減甲径余以除丁径自之乗甲径得己径合問

以上4題は『群馬の算額』（群馬県和算研究会編）より

5

和算発展と三大特徴

1　日本文化〝道〟の特徴

「これまで日本の数学の内容で,
　　鼠算, 適尽法, 點竄術
など, いろいろな言葉が使われているでしょう。
算道という言葉もあるし──。
どういう関係なんですか。」

「前もいったように日本人には〝遊び心〟があるだろう。そうしているうちに, 少しでも早く見事に解決しようという競争心が起こり, それが方法や技術になり, そして芸術になりさらに精神的なものへと発展した道となる。

日本文化のいろいろなものに, それがみられるだろう。」

「流れをまとめると,

　　（遊び）──→（競争）──→（技術）──→（芸）──→（道）

という習慣, 伝統があるのですね。」

「いまでも, いろいろな〝道〟が残っていますね。思いつくままにあげてみます。

外国人には, この〝道〟というものは, なかなか理解できないでしょうね。」

学問──	算道, 歌道, 書道……
趣味──	華道, 茶道, 香道……
運動──	剣道, 柔道, 弓道……

「東京五輪無差別級で金メダルをとったアントン・ヘーシンクが柔道着のカラー化を提案し，1997年10月の国際柔道連盟総会で，ついに賛成127，反対38で議決された。以後，国際柔道連盟主催の次の大会では，一方が青の柔道着を着ることが義務付けられた。世界選手権，世界ジュニア選手権，ワールドカップ国別対抗大会，オリンピックだ。

　白と青とが試合をすれば，審判も観客も，またテレビ視聴者にも試合の展開がわかりやすいし，それがテレビの放映権料の増収につながるというのさ。

　伝統重視の日本は断固反対してきたが，大勢には抗しきれなかったというわけだ。

　〝白は，潔さ，潔白さを表す〟〝礼節を重んじ，精神力を鍛える精神修練の場が柔道。白はその象徴〟という日本の精神論は外国人には通じないのだろう。」

「外国人にとって柔道は単なるスポーツであり競技に過ぎないのでしょう。そこに大きなズレがあるんですね。

　お父さんは算道，華道，剣道と3つの〝道〟をやっているでしょう。その立場からどうですか？」（その後，弓道，墨道加わる）

「関流大家の藤田定資は，算道は〝無用の用〟といったので有名だが，何かの目的をもたずに無心にはげむのが〝道〟の本質と思う。国際は柔術，国内は柔道と分けるのがいい。

　お父さんは，一生この3道を追求し続けるつもりだよ。」

2　参勤交代と文化移動

「和算が大発展した裏には, 3つの特異な原動力があったとお父さんがいっていたでしょう。それは何ですか？」

真理子さんは, いつも原因—結果という歴史的発想です。

「それは, 参勤交代, 遊歴算家, 解法競争の3つだが, こういう形で, 和算が広まり, 高まった国は世界のどこにもないだろうね。しかも, 実用から離れているところなんか抜群だ。」

「お父さんは純日本風が大好きなんですね。

では, ひとつずつ説明してください。」

「まずは参勤交代だが, 制度とその功罪を真理子いってごらん。」

「正式には"参覲"と書くそうですね。

江戸幕府が大名を統制する手段として用いたものですが, その起源は戦国時代に大名の家臣が城下町に参勤したことによるといいます。古いんですね。

江戸幕府が制度として確立したのは1635年です。

功罪の功の方は,

○諸国（藩）の文化交流ができた。
○共通の言葉や習慣をもつようになった。
○街道や宿場が整備された。
○全国的に社会が活気を呈した。
○以上から国家統一の基礎ができた。

罪の方は

○各藩が, 往復と二重生活とで莫大な費用を使い経済的に苦しんだ。
○大名と領地との結びつきを弱めた。

以上で, 功の方が多かったようです。」

黙って聞いていた克己君が感心しながら，

「アア，功の方が多かったのですか，僕は，各大名が幕府にそむかないように江戸に人質をとり，国元との大名行列で金を使わせるだけのことを考えていました。

　でも，本来は大名いじめが目的で，その副産物として思わぬ効果があった，というものではないのですかね。」

「東海道は桓武天皇が平安京に遷都した２年後に，主要街道として拓き，また諸国に命じて地図を作らせたそうですから，日本の大動脈〝東海道〟は1000年の歴史があるんですね。

　大名行列，商人や巡礼また弥次・喜多などがいろいろな物語とともに歩いたわけですね。」

「その中には〝和算〟という文化も，東海道や，その他各街道を通って全国に広まっていったんだよ。」

「どうして江戸から広がったのですか？」

「昔もいまも同じで中央集権制度ではその地に人が集まるから，ここで塾を開くと門弟が多く，それによって知名度もあがり，収入も多くなるだろう。そこで数学塾が多くそのレベルが高かった。次は，江戸詰めの若侍たちは暇をもて余していたので，数学でも学ぶか，ということになる。数学の特技を認められると幕府や諸藩の勘定方，天文方のほか，治水工事の役人にとりたてられたり，算学師範という地位についたりできる。下級武士にとっては栄進や就職に有利だったのさ。」

「この若侍が江戸詰めを終えて国元に帰ったとき，故郷で数学を教えた。そういう形で全国に広まったということか。

　そうした人たちの中から，数学才能の秀でた人が流派を創設する，ということになるんでしょう。

　文化が伝播していくのって，おもしろいものですね。」

3　遊歴算家の活躍

「2番目の遊歴算家というのは，どういうことですか。」

「読んで字の如く，数学を職業として全国を歩き回る数学専門家の人たちをいうのさ。」

「でも，現代のように科学万能なら，みながいやいやでも，金を払って数学を勉強するでしょうが——。まあ，下級武士は出世のため学ぶとして，町人や農民など『塵劫記』の知識で十分生活できるので高級な数学なんか勉強しないでしょう。」

「僕は，真理子と違う考えだな。」

克己君が切り出しました。

「ズーと平和な世の中が続いているんでしょう。しかも身分は士農工商で固められている。この退屈な中で何か夢中になりたいことを求める人もたくさんいただろう。

そういう人の中には，難問に挑戦し，それを解決して満足感，充実感を味うことが好きな人も結構いると思うナー。」

「そういうことだろうね。

和算家といわれる人の中には，武士，農民，町人，ときには大名（殿様）もいる。身分に関係なく数学をやった国というのも世界中で珍しいことだろう。

和算では第1級の関孝和でも，幕府直属の武士とはいうものの，御納戸組頭で十人扶持だから，身分は高くない。」

「ところで，どうして遊歴算家という人たちが出現したのですか。教えるなら塾を開けばいいと思うけれど——。」

庄屋に集った数学好きの人たち

「若い武術家の武者修行やお坊さんの托鉢修業に似たものであったかも知れないね。日本中を歩き回って，地方にいる立派な先生から学ぼうとか，天狗になっている数学者と試合して道場破りをするとき，数学好きを集めて講義し，謝金をタンマリもらうとか，マア，方法やタイプ，目的，それぞれいろいろあったろう。有名数学者になると，事前連絡で村の庄屋や有力者が人を集めているところで授業を授けたり，高額をとって個人教授して歩いたりしたようだね。」

「遊歴算家として知られた人にどんな人がいたのですか。」

お父さんは『和算家の旅日記』（佐藤健一著）を見ながら，

「代表的な人を2，3人紹介しようか。

大島喜侍——大阪の大きな呉服屋の子として生まれたが，『塵劫記』で数学に大変興味をもち，高額の礼金を出して当世一流の数学者を自宅に招いて数学の勉強をしたが，そのため呉服屋はつぶれ，妻子や財産を失った。その後，身につけた学力で庶民を中心に数学を教えて旅をし，謝金で生活をしたという。最初の遊歴算家といわれている。

山口　和——関流長谷川派の門生で，6回にわたって日本中を旅し，途中見た算額を書き写して研究をした。第1回は，

東京→取手→筑波→土浦→玉造→鹿島→潮来
→息栖→香取→成田→佐倉→東京

その後，東北，奥州，九州を回る。『道中日記』が有名。

犬目の兵助——甲州犬目の天保一揆の首謀者で，逃亡しながら農民中心に数学を教え，最後は寺子屋を営む。

その他，法道寺和十郎は1カ所に長く逗留し，学力のあるものだけ教えたとか，小松鈍斉は僧侶の身であったが武士だけを教えたなど，遊歴算家には興味ある人が多い。」

4 解法競争の3種

「どんな人間でも心のどこかに，放浪性があるんですね。特に生来それが強い人，自由な環境におかれたとき，フラフラと出歩く人などタイプはあるでしょうが……。

でも，江戸時代に数学を教授しながら旅ができるなんて想像もしていなかったワ。日本というのはいい国ですね。」

つねづね，〝数学ナンカ〟という考えをもっていた真理子さんはすっかり感激してしまいました。

「数学の学力があることは，武士では栄進や就職に有利だ，といったが，農民でも村の行政関係で『算用師』とよぶ勘定役がいて財務，米銀の計算や出納などをやっていたので，数学ができるとこうした方面の仕事につくことができたようだね。」

「僕も真理子同様，江戸時代の和算は極く一部の人たちの趣味，道楽ぐらいに考えていたけれど，実際には日本中の人々の中に入りこんでいたわけですね。

では，この辺でお父さんの好きな算額の話をしてください。」

「真理子は，当時の数学に女性は全く関係ないと思っているだろう。しかし，群馬県藤岡市の竜源寺にある算額に，女性の名が2人あるそうだ。興味深いね。

いつかみんなで見に行ってみよう。

ここで，真理子に絵馬の由来を語ってもらおうか。」

「ハイ。その昔武人が寺社に，武運を祈願したり，祈願成就のお礼などに馬を奉納したことに始まります。

後に，木彫りの馬とし，さらに板額に馬の絵を描いて奉納したのです。

東京・神田明神の絵馬掛け
（昔，絵馬堂があった）

江戸時代に入ると，庶民が家内安全，商売繁盛などさまざまな祈願で絵馬を奉納し，寺社ではこれを掛ける絵馬堂を建設しているところさえあります。」

「算額というのは絵馬の一種ですか。」

「算額奉納の風習は，1670年頃（徳川家綱のとき）からで最初のうちは絵馬の形だったが，次第に大きくなり形も扇形や長方形などになる。そして一面にたくさんの問題が書かれたりするようになるんだよ。」

「算額も絵馬のように，祈願や祈願成就で奉納したのですか。」

「基本的にはそうだが，算額奉納ではいろいろな目的や意味があったようだよ。克己が和算家だったとしたら，どんな場合に算額を作ろうとするかい？」

　克己君はしばらく考えていましたが，

「難しい問題が解けたとき，神仏に感謝する気持ちになるので奉納すると思います。」

「それは入試合格のお礼の絵馬みたいなものだね。真理子だったらどういう場合かな。」

「ソウネー，お父さんの還暦をお祝いして……ナンテ。」

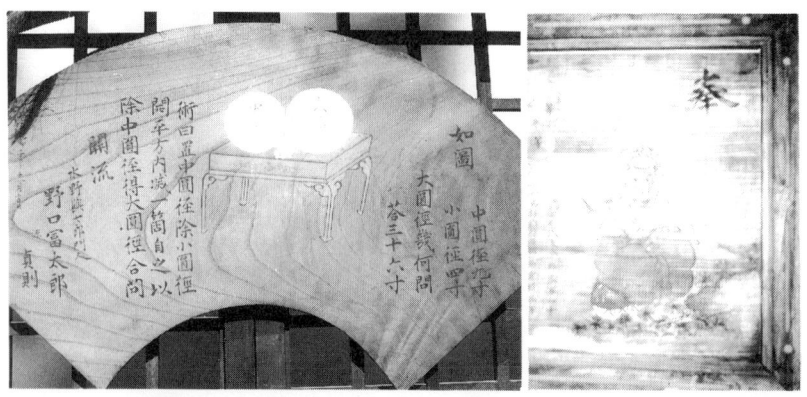

算額には中身だけでなく，形もいろいろある

5 和算発展と三大特徴

「また，真理子は点数をかせぐような，イイ格好をして——。お父さん，どうなんですか。」
「一番多いタイプは信仰にかかわるものだよ。
　さっき克己がいったそれだね。"自分にはとても解けない"と思っていた難問がパッとヒラメイて解けたとき，神か仏が暗示を与えてくれたのだ，と思うわけだね。
　"どうもお教えをありがとうございました"という意味で，その問題を算額にする。信仰算額といわれるものだ。
　次に多いのが，自分の研究発表用の算額だ。
　当時は，同じ流派以外に自分の研究を人に誇示する機会や機関がなかったろう。全国的な学会のような集まりもないし，学会誌のような通信物もない。そこで人の集まるところに発表しようと算額を利用した。これが研究算額という。
　そして3番目は，真理子のいう算額だが，何という名だと思うかい？」
「還暦算額というのじゃあないの。」
「しかし，お祝いごとは還暦だけじゃあないだろう。」
「ソウネ，行事算額かナ。お兄さんだったらどういう名にする？」
「記念算額かな。祝祭算額とか祝賀算額，もう一声がんばって万歳算額なんてどうだろう。」
「またすぐふざけるんだから。お父さん，本当の名称を教えてください。」
「記念算額でいい。
　開塾十周年とか，初孫誕生というのもあれば，弟子が師範の還暦祝いに，というのもあるだろうね。」

「信仰，研究，記念の3つですか？」

「いや，まだある。最も積極的な算額だよ。見方によると算額の悪用といえるだろうが，どんなものと思う。考えてごらん。」

「算額の悪用ですか。自分が目立つのに利用した，つまり，自分の塾や流派の宣伝に使った，ということですか。」

「その通り！　人々が神社，仏閣に集まり，いろいろな算額を見，また問題を紙に写して考えたりしているわけだろう。何かの宣伝をするには絶好の場所だよ。」

「神聖な行事だったのに，目立ちたがりやにけがされた感じですね。いつの時代も悪い人がいるものです。」

「彼らは大きな額を使い，色付きで派手な図を描き，また流派名をあげ，門人の名をズラリと並べたてる，といったものを用いたりした。中には流派・師範と門弟の名だけ，というのもあったそうだよ。

これが宣伝算額とよばれた。」

「ということは，算額は大きく分けて，右の4種類ということですね。これは和算の発展にどうかかわったのですか。」

「2人に江戸時代の人になってもらおうか。そして算額を見上げている場面を想像してごらん。

算額のいろいろ
・信　仰　算　額
・研　究　算　額
・記　念　算　額
・宣　伝　算　額

自分でもこの問題が解けそうだナ，となったら紙を出して問題を写し，家でやってみるだろう。」

「解けたら，〝ドウダイ〟という気持ちになるでしょうね。」

「そこでそれより難しい自作問題を算額にして奉納することになる。こうして算額競争が盛んになるのさ。」

「1対1なら恥をかいてもいいけれど，神社，仏閣という公の

場所での競争となると，ずいぶん真剣でしょうね。」
　それにしても数学という学問はおもしろいですね。
　16世紀にイタリアの方程式解法オリンピック，現代は多くの国で中・高校生対象の数学オリンピックがあるでしょう。
　スポーツの100m競走のように，一直線を走るので，どちらが優秀かすぐわかるわけですね。この問題が解けるか，解けないかで学力の優劣がはっきりし，勝負が決する点が他教科にないおもしろ味といえそうです。
　あたしは，できないのがはっきりわかるから嫌いだけれど。」
　「僕はその点が，数学好きの1つの理由さ。
　ところで，もう1つの数学競争は何ですか？」
　「遺題継承，またの名を〝好み〟（このみ）という。
　自分が本を著作すると，最後に快心の作の問題を解答なしで載せるのだ。これを買った人は，その問題に挑戦し，次に自分が本を出すとき，これの解とともに自分の作を解答なしで載せる。
　こうした紙面上での数学試合が行われ，これによって発展した，とともに難問主義の傾向もたどっていくね。」
　「いつ頃から始まったのですか？」
　「吉田光由の『塵劫記』のうち，1641年版からといわれているので，和算初期からだね。ずいぶん古い。算額の風習はこれから30年位あとになる。」
　「こうした競争から解法の秘術が生まれ，そしていろいろな流派が誕生することになるんでしょうね。」
　「会田安明は，関流大家の藤田定資に自分の算額をけなされたことから奮起して最上流を創設しているようなものさ。」
　「おもしろそうな話ですね。」

「これについてはあとで詳しく話してあげる。
　さて,算額(社寺奉額),遺題継承の次が流派・免許制だ。
　この3つが,競争心を燃えあがらせて和算を発展させたものだからね。」

「流派・免許制は,日本独特でしょう。
　さっき話に出た〝道〟というものにはほとんどあるし,作法,踊り,歌舞音曲や囲碁,将棋などの世界にもありますね。
　よくいうと独自性があり努力目標を持たせる,悪くいうと排他的階級的ということになるでしょうか。」

「お父さんは免許制というのは好きだね。もう一度,もう一歩というはげみになる。華道,剣道の2つの趣味が30年40年と続けられたのも,こうした制度だと感謝しているよ。」

「和算には,たくさんの流派があることは知っていますが,免許制はどうなっていたのですか？」

「和算代表の関流を例にとって説明しよう。
　　見題,陰題,伏題,別伝,印可
この5段階がある。別伝と印可は有能な少数の人に限られ,特に最高の印可は実子と2人の高弟だけだったといわれる。
　右は,免許状(巻物)で,中は次のようになっている。

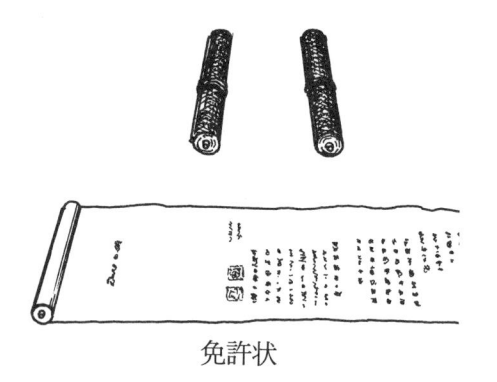

免許状

5　和算発展と三大特徴

関流免許状の中味（東海林謹之助による）

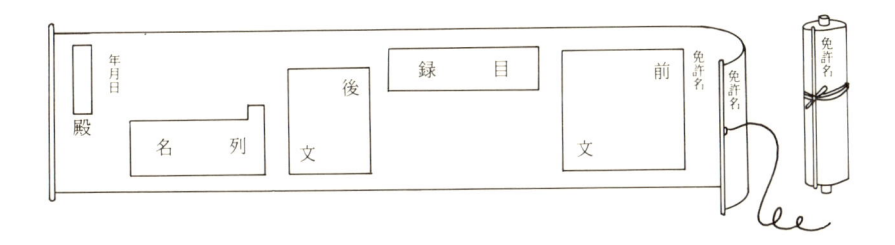

〔前文の大意〕（免許のレベルで説明内容が異なる）

見題――自然界にはいろいろな物や種々の事象がある。たとえば，物の大小，多少，長短そして太陽や月の運行のような規則正しい現象，これらはすべて数でなければ表すことができない。だから算法の勉強をすればよくわかり，また役に立つのである。

陰題――数には実数と虚数があり，我々が平常使用しているのは実数である。（但し，当時虚数なる言葉なし）

伏題――数学を考えるには，その問題で考えられるいろいろな場合を調べて，その中の具体的な事実から一般的な法則を見出すのである。

〔後文の大意〕

見題――長年数学を勉強したので前の目録に示したことは伝えた。しかしいまだよくわかってないのだから他に漏らすな。ただし，勉強したい人には誓約して教えてもよいが思いあがってはいけない。

陰題――懸命に勉強したから右の目録にあることは残らず伝えた。免許をとったばかりだが，もし他に希望する人があったら，自分の勉強にもなるから教えてもよいが，その時は血判の誓約をしなさい。また，他の流派

のことでも道義上から妄りに漏らしてはいけない。

伏題──多年よく勉強したので巻物に示した目録のことはすべて教えた。もし，熱心な人があれば誓約をして教えなさい。

また，目録では教えた科目を書き，列名では，下に示すように，先生名，さらにその前の先生，その前の……とさかのぼり，関流では，関孝和まで書いてあります。

つまり，どういう流れの門弟かをはっきりさせて和算家としての身分を明らかにしているわけです。

（以上は，東海林謹之助先生の岩手県南史談会例会の記録書より）

「免許皆伝は，剣道のものと同じだよ」

───千葉胤英の例───

関新助藤原孝和
荒木彦四郎藤原村英
松永弥右衛門源良弼
山路弥左衛門平主住
安嶋萬蔵藤原直圓
日下貞八郎平誠
長谷川善左衛門源寛
長谷川善佐衛門源弘
千葉善右衛門平胤英

P.69和算の系譜参照

「5段階あっても，ふつうは伏題免許で終るわけですか。それにしても免許にいろいろ注意書きがあるんですね。」

真理子さんがニヤニヤしながら，

「後文がおもしろいです。

○未熟者だから他人に漏すな。

○教えてもよいが思いあがってはいけない。

○教えるときは血判の誓約をさせる。

○他の流派のことでも道義上，漏らすな。

など，やはり厳しく秘密主義だったのですね。

それにしても，たかが数学で血判とは大げさです。」

「でも，一説によると，各流派間ではそれほど閉鎖的でなかった，と聞いたことがありますが——。」
「流派の発展のためには，極秘部分もあったろうが，数学を学ぶという共通部分があるし，高弟の中にはおおらかな人柄の人もいたので，一概に秘密主義ともいえないだろうよ。」
「いよいよ，最後に残った流派のことを教えてください。」
「埼玉会館の展示で和算の流派（P.79）には，
　　関流，至誠賛化流，最上流，宮城流
などの名がでていたね。

代表的な流派は右のようだが，そのほかに，
　　中西流（山形）
　　小川流（和歌山）
　　近道流（埼玉）
などがある。」
「すごい数ですね。小さなのも入れると全国的には大変な数でしょうね。」
「あたし，近道流というのに入りたいワ。いい名前ね。」

有名な流派

（流派）	（創設者）	（主な中心地）
関　　流	関　孝　和	江　戸
建　部　派	建　部　賢　弘	〃
宮　城　流	宮　城　清　行	埼　玉
至誠賛化派	古　川　氏　清	〃
最　上　流	会　田　安　明	山　形
宅　間　流	宅　間　能　清	関　西
麻　田　派	麻　田　剛　立	大　阪
武　田　派	武　田　真　元	〃
福　田　派	福　田　　復	〃
三　池　流	三　池　市　兵　衛	金　沢

「これは呉服屋をしていた栗原伝三郎という人が独学で勉強し，春日部を中心に活動した1人1派なのさ。」
「昔にもおもしろい人がいたのネ。お父さんも仲田流を起こしたら，あたし門弟になってあげるワー。」

♪ ♪ ♪ ♪ ♪ **できるかな？** ♪ ♪ ♪ ♪ ♪

写算について

右の計算は，『塵劫記』の参考本といわれる中国の名著『算法統宗』の中に出ているものです。

これは後世，250年後に福田理軒の『西筭速知』（P.117参照）でも，早く正確な計算法として紹介されています。さて，これは何のどんな計算でしょうか。

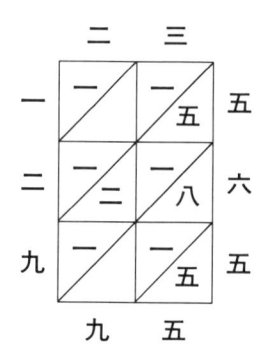

中国の分数──『九章算経』第一章方田より──

右の3問を考え，その答を求めよう。

分数記号 ─ は，ヨーロッパで，しかも500年程前に考案されたものなので，ここでは用いていない。

十八分之十二 とは，今流で書くと $\frac{12}{18}$ である。

(五)今有十八分之十二。
問約之得幾何？

(六)又有九十一分之四十九。
問約之得幾何？

(七)今有三分之二、五分之三。
問合之得幾何？

算額の問題

右の図のような上底の円の半径2尺，下底6尺で高さ12尺の円錐台がある。

これを3つに切り，その体積を等しくしたい。どう切ればよいか。

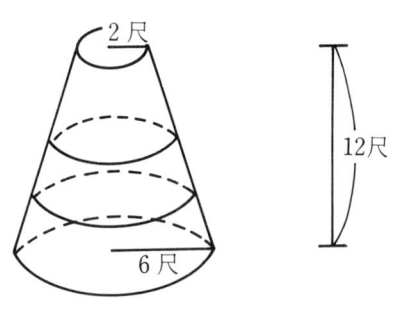

ただし，3等分は難しいので，ここでは2等分を考えよう。

6

奇人・変人の和算家逸話

1 佐渡の突出人〝百川治兵衛〟

「ふつう中学・高校で，学校の先生の3奇人なんていうと，1人や2人は数学の先生が入っているものですね。あたしの学校の数学の先生も変っている人が多いワ。」

「ただ男子の中には，奇人好きがいて〝数学の先生が好きだから数学が好き〟という奴がいますよ。そういうのが将来，数学者とか，数学の先生になるんじゃあないかナ。」

「オイオイ，2人で数学の教師を変人扱いするなよ。君らのお父さんである私も数学の教師なんだから——。

もっとも，うちでも結婚した当初は，お母さんが友人たちから，〝なんで数学の先生と結婚したの？〟とか〝エエ〜，ホントー〟なんていわれたそうだから，世間の目は数学好きをあまりよい印象で受けとっているとはいえないネ。」

「でもマア，頭はいいと思われるから，いいんじゃあない。」

「なんだかなぐさめられているみたいだな。」

「ところで，和算家にも奇人・変人という人たちがいたんでしょう。大体数学の式や図形を何時間も眺め，ああでもない，こうでもないと考え続けられるだけで，奇人・変人だわ。」

「いよいよ，数学嫌いの本音(ほんね)を出したな。単純，純心で真剣で美しい姿ではないか。夏目漱石の坊ちゃんや山嵐をみろ。」

「和算の開祖，つまり頂点の人は毛利重能でしょう。その当時数学者は日本中1人もいなかったのですか？」

「戦国時代のすぐあとだから，誰も数学など勉強していなかったのだろう。

ただ1人ふしぎな存在の人がいた。

佐渡の百川治兵衛がそれだ。」

「どういう業績があるのですか？」

「越中(富山県)から佐渡島に流されて来たとか，キリスト教徒だと疑いをかけられたなどの伝説がある。

この地で人々に数学を教えたり，『諸勘分物』(1622年)を刊行したりしているが，彼がどこでその知識を得たのか知られていない。」

「奇人・変人とはいえないまでも"謎の人物"ということですね。」

「この本には度量衡や計算，平面・立体の求積など，実用的なことが書いてあるそうだよ。」

「毛利みたいに弟子はいなかったのですか？」

「弟子か子か明らかではないが，百川忠兵衛という人が，『新編諸算記』(1655年)という本を書いている。これには後に有名になる"亀井算"という内容が載っているんだ。

割算はふつう帰除法という割算九九を使ってやるのに，これでは掛算九九(商除法)でやる。初学者は計算が多少めんどうで時間がかかっても割算九九をおぼえないですむので理解しやすかった。この方法を越後(新潟)の亀井津平という人が本にして広めたので亀井算の名がついたそうだ。」

「そういえば，あたしたちも"二一天作の五"なんていう割算九九など習っていません。そのあとの弟子は？」

「和算史上にその後継者のことはでていないね。」

2 浪人好き〝久留島義太〟

「ここで，天才奇人といわれた久留島義太を紹介しよう。

松山藩（岡山）に仕え，奉行として二百石どりの侍だったが不幸にも元禄時代にお家断絶で浪人となってしまった。

〝江戸に行けばなんとかなるだろう〟ということで目的もなく上京し，本所（ほんじょ）に落ちついたある日，散歩中に夜店の本屋で，『塵劫記』に目を止めた。

興味深そうなので買い求め，早速読んでみると，難なく終りまで読み通せた。

〝俺には数学の才能があるんだぞ〟と，すっかりそう思いこんだのさ。

さて，それからどうしたと思う？」
「近くの数学塾に入門したのでしょう。」
「いや，独学の自信がついて，もう少し難しい数学書を買いに行ったと思うワ。」

2人はそれぞれ考えたことを述べました。

「どちらも……それは凡人がする方法さ。

奇人である彼はどうしたか，というと，早速，江戸のド真中の日本橋に家を借り，『算術指南』の看板を出して，数学道場開きとした。」

「エエ〰〰。」

2人はビックリしました。

いや，あなたも驚いたでしょう。『塵劫記』1冊読んだだけですよ。

「そんな，オソマツ先生では生徒が集まらないでしょう。」

「ところが人柄もよいし，教え方も上手なので，なかなかの繁盛ぶりだった。そうこうしたある日，そのバケの皮がはがされる事件が起きた。」

「どんなことが起きたのですか？」

「下の関流の系譜を見てごらん。中根というのがあるだろう。これは当時一流の数学者中根元圭大先生のことだ。

中根元圭がたまたま日本橋を歩いていると，繁盛している数学塾があるので，この中に入り，久留島師範に面会した。」

2人はこの話をどきどきしながら聞いていましたが，

「久留島はびっくりしたでしょうね。」

「あたしだったら，思わずお勝手から逃げちゃうな。」

「ところが久留島は中根がえらい先生とは知らないので平気で会ったのさ。」

「知らないっていいことね。

そしてどうしたの？」

「久留島は中根の学力に驚いて，自分の無学を恥じ，看板をとり去ろうとしたのさ。

しかし，中根も久留島の才能を認め，"関先生以来の知恵者だ。このまま塾を続けるように"と励ましたという。

中根ぐらいになると，人を見る目もすぐれているんだね。」

「その後どうなったんですか。」

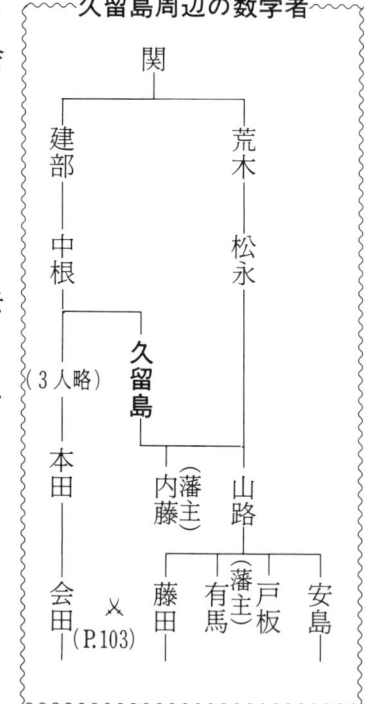

久留島周辺の数学者

関 ─┬─ 建部 ─ 中根 ─(3人略)─ 本田 ─ 会田(P.103) ×
　　└─ 荒木 ─ 松永 ─ 久留島 ─┬─ 内藤(藩主)
　　　　　　　　　　　　　　　└─ 山路 ─┬─ 藤田
　　　　　　　　　　　　　　　　　　　├─ 有馬(藩主)
　　　　　　　　　　　　　　　　　　　├─ 戸板
　　　　　　　　　　　　　　　　　　　└─ 安島

6 奇人・変人の和算家逸話

「久留島は中根の門弟となって勉強を続け，みるみる優秀な数学者になっていった。

その後，延岡の城主内藤政樹という藩主，つまり殿様に仕えることができるようになる。この殿様は数学が好きで，数学者としても一流だった(前ページの系譜参照)。この殿様は，久留島のほかに，松永良弼(りょうすけ)にも数学を教わっている。」

「久留島のような風来坊にとって，宮仕えは苦痛だったのではないんですか。」

「そうだね。延岡の6年間は，殿様や多くの弟子に数学を教えたが，すぐ浪人に戻った。彼には大きな欠点があった。」

2人は聞いていましたが一緒に，

「酒飲み，でしょう。」

「オヤ，どうしてわかったのかナ。」

「大体昔から豪傑という人は大酒飲みですから。」

「そうだったね。酒を飲まないときは，いねむりばかりで話をせず，酒が入るといろいろな話をするという具合だ。殿様に講義をするときも酒のにおいをプンプンさせていたという。」

「ほかにも奇人的な逸話があるのですか？」

「たくさんある。たとえば，

○ 朝食があっても夕食はなく，冬服があっても夏服がない。金が入ると酒を買って飲むという生活で，身の回りのことは弟子たちがやった。

○ 中根が，久留島をある大名に召し抱えてもらう約束をし，当日久留島の家をたずねたところ，忘れて寝ていただけでなく，着ていく着物もなかった。

○ 人を呼んでおいて自分は町に出，通りがかりに見た芝居がおもしろかったからといって，いつまでも帰ってこない。

○ある年の正月元旦に、弟子の家に久留島が来た。見ると浴衣に縄の帯で、刀も持っていない。驚いて聞くと、"昨夜おおみそかで町人にお金を支払うため、あり金を棚におき、町人たちに適当に比例で持っていってもらったが、棚の金がなくなったところで1人の町人が遅れてきたので、仕方なく大小（打刀と脇差の小刀）と衣服を渡し、着るものがなくなった"とのこと。早速家に招きコタツに入れたらすぐ寝たという。

ともかく、大変な奇人のようだったね。

すぐれた学者だったのに、書くことが嫌いなため、弟子が収録したもの以外に研究物が残っていない。

無限級数、整数論、極大・極小、行列式など当時の第一級の数学の知識があったという。」

「これほど自由気ままに生きられたら、ストレスなんてないでしょうね。でも、まじめに研究し、本を書いていたら、和算の発展にずいぶん貢献したと思うのに、残念でしたね。」

「ただ1つ残っているのが幻の名作『将棋妙案』という詰将棋の本で、たとえば右の場合、何手で詰められるか、というようなことをまとめている。

数学の好きな人に碁や将棋をやる人が多いね。克己、この詰将棋に挑戦してごらん。」（解答は P. 185）

3 愛宕山数学試合 〝藤田と会田〟

「これまで何度も話にでてきたが，数学は他流試合のできる学問だろう。

これから日本最大の数学試合を紹介することにしよう。」

「前にあった遊歴算家の人の中にも数学道場破りをやった人がいるでしょう。武芸者のように道場の看板を持ち帰ったりしたんでしょうかネ。」

「中根元圭も，久留島義太の道場破りをしたようなものでしょう。道場破りっておもしろい言葉ね。」

「いまから登場するのは会田安明という人間だ。

彼は山形の庶民の子で育ったが，数学が好きで，この地で中西流の数学塾を開いていた岡崎権兵衛の門弟になった。

ところが，2年足らずで師範に追いつき，これ以上数学の勉強をするためには江戸に出るしかない，と考え上京した。」

「浪人久留島義太と同じですね。

江戸では，誰に学ぶつもりだったのですか？」

「当然，天下の関流の大先生さ。」

「それは誰ですか？」

「四世山路主住の高弟藤田定(貞)資の門生になるため，その門をたたいた。」

「こういうところでは入塾試験とか入門面接とか，そんなものがあったんでしょうか。」

「入門希望者の学力を知らないと今後の指導に困るだろうから，何らかの試験のようなものをしただろうね。

会田は藤田の面接を受けたが，このとき，

〝お前の愛宕山に奉納した算額の文中に誤りがある。それを直したら入門を認めよう〟，

といったのさ。」
「マタマタ緊張の場面ですね。
　会田は入門したいので素直に承知したのでしょう。」
「そうだったら，会田は奇人・変人の仲間に入らないさ。
　藤田の言葉に大憤慨し，復讐しようと思った。」

愛宕神社

「だって算額にまちがいがあったことは確かなのでしょう。
　ならば，嫌うぐらいはいいとして復讐とはよくないナー。」
　真理子さんは，こういう恨みがましい人間が嫌いなのです。
　克己君が，興味深げに，
「復讐ってどんな手段をとったのですか。
　日本刀をもって，うしろからバッサリとか——。」
「いやいや，やはり数学者だから，数学上の復讐を考えたのさ。つまり，藤田の書いた本の中から誤りを探し出し，それを公にしてやろう，というわけだ。」
「藤田の著書の誤りが発見できるほどなら，会田の学力はすごいんですね。」
「そこでまず藤田の『精要算法』を詳しく調べ，誤りを訂正し，それを批判した『改精算法』という本を出した。
　これに対して藤田は『改精算法正論』を刊行したね。」
「いよいよ戦闘開始！　というところですか。
　おたがいに相手の出した本について批判し合うのですが，会田は無名人だからいいとして，藤田の方は天下の関流だから無視した方が大物らしくていいですよね。」
「似たようなのが，かつて日本の数学教育界でもあったが——。」

「藤田,会田の争いはどこまで続くのですか？」

「延々20年近く続くのさ。

その間の2人の書名を右にあげてみよう。会田はナント5冊（7冊の説あり）も書いているよ。」

「ずいぶん無駄な時間,無意味な精力を使ったものネ。」

「いやいやとんでもない。

悪い例だが,戦争によって科学が一挙に進歩するように,競争,試合では全力投球をするので,力がつくのだよ。

会田は学力が高まるとともに名声もあがった。」

「そうでしょうね。天下の関流の大先生と四ツに組んで負けなかったのだから,スゴイ！」

「この争いは2人だけの問題にとどまらず,和算を学ぶ人や一般の庶民にも刺激を与え,数学のレベルを高め,興味,関心を深めさせた。」

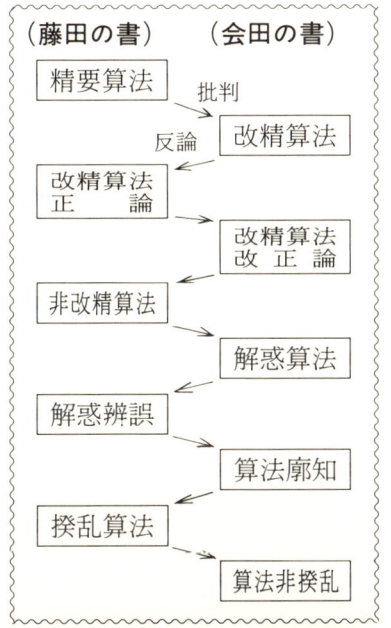

（藤田の書）	（会田の書）
精要算法 → 批判	
	改精算法
改精算法正論 ← 反論	
	改精算法改正論
非改精算法	
	解惑算法
解惑辨誤	
	算法廓知
撥乱算法	
	算法非撥乱

寛永三馬術の曲垣平九郎が馬で上下して名をなした86段の男坂

「結果としては大きな収穫が得られてよかったのですね。

ところで会田はその後どうしましたか？」

「最上（さいじょう）流という流派を創設したよ。日本一という意味の最上と,彼が山形出身だからそこを流れる最上（もがみ）川の名をとったとも考えられるが,どこまでも心臓が強い人だろう。」

4 磊落開放 "日下誠"

「次は，関派正統派第6代目の日下誠を紹介することにしよう。

彼は，1764年上総(千葉)の生まれで，初め会田安明の師である本田利明(P.100)について学び，後に安島直圓の門弟となった。

やがて，印可免許まで受け，関派直系を継ぐことになり，たくさんの秘伝を教えられるが，人柄が磊落開放的で，秘密が守れないのだね。」

「もうそのときは，関流で一番上の地位にいる人でしょう。そうした人が，長年かけて創り上げた"秘伝"を簡単に公開してしまったら関流としては困るでしょう。」

「そうだろうナ。天下一の関流の秘伝が各流派に知られ，その結果他の流派の方が進んだり，門弟がふえたりしたら，どうするつもりだろうね。」

2人が，憤っています。

「関流の中でも高弟たちが大変憤慨したそうだよ。

そして自分たちが秘密主義でやっても意味がない，ということで次第に開放主義になったんだ。」

「その結果はどうなりましたか？」

関流直系

関	初代
荒木	二代
松永	三代
山路	四代
安島	五代
日下	六代

和田寧／内田恭／長谷川寛／御粥安本／白石長忠／小出修喜

6　奇人・変人の和算家逸話

「一部の高弟からは，伝統のルールを破る人ということで憎まれたが，一般には大歓迎されただけでなく，高等数学が広く人々に学ばれ，和算全体のレベルが大いにあがったんだ。」

「いくつもの流派ができ，競争相手に対抗して，それぞれ工夫して"秘伝"を創る，そうしたことで和算が発展したと思うけれど——。その発展の推進力になった"秘伝"を公開することによって発展がある，何か矛盾のようですが。」

「これは関流が確立した時期であった，というタイミングの問題もあったろうね。

各流派が発展途上のときは，秘密も必要だろうが，日下の時代は1800年代に突入していて和算の円熟期であるだけでなく，もう少し経た1857年には日本人著作の最初の洋算書が出版されるんだからね。」

「日下が伝統を破って開放主義をとったのは，ある意味では奇人かも知れませんが，まだ別の逸話もあるんですか？」

「数学者としてはあまり独創的な仕事をしていないようだが，優秀な門弟をたくさん養成しているのさ。つまり学者というよりよい教師というタイプだったようだ。」

「学者にもいろいろなタイプがあるんですね。」

「この機会に何人かを紹介しようかね。

安島直圓——日下の恩師で大変な研究家であり，名誉や金銭に目もくれず，ひたすら勉強する，関流中興の祖。

和田　寧——日下の高弟で，操行はあまりよくなく大酒飲み。しかし，幕末和算界の中心人物。

長谷川寛——以上3人が藩士なのに対し，鍛冶(かじ)職出身，『算法新書』という評判の名著を書く。その後，『算法地方大成』を出版し，破門させられた。

♪♪♪♪♪ できるかな？ ♪♪♪♪♪

本章にちなみ奇問・珍問のいろいろな問題に挑戦してもらおう。
(その1)　和算の名著の1つに坂部広胖の『算法點竄指南録』
　　　　　 (1810年)があり，次のような問題がある。
　　「爰(ここ)に鶴亀合百頭あり，只云足数和して，二百七十二。鶴亀各何程と問」
　　実はこれの原型は中国の名著『孫子算経』(4世紀)に，次のように出ている。
　　「今，有雉兎同笯，上有三十五頭，下有九十四足，問雉兎各幾何」
　　この雉兎算が1000年後に鶏兎算となり，鶴亀算と変った。
(その2)　『算法珍書』(1869年) 柳河春三
　　「金太郎，足柄山で天狗(てんぐ)と熊とを友にして遊ぶ。あるとき，うばがその友だちを数えたところ，頭77，足244あり。天狗と熊の数はいくらか」
(その3)　『算法童子問』(P.114参照)にある「かくれ坊」です。
　　「童子十五人を図のごとく並べ，甲より右の方へ一 二 三 四 五 六 七 と数へて，七人目にあたるをのけ，以後七人目ずつをのけて，のきたるものは，をのがさまざまにはしりかくれてかぞへのこれる終りの小法師一人を鬼(乙)となづけ，十四人のかくれしものをさがし求むる事也。今その鬼(乙)となるものは，読みはじめ(甲)より幾人目になるぞと問」

7

和算から洋算へ

1 寺子屋，藩学校の勉強内容

「この前，ヨーロッパに行ったときの話だけれどネ。数学教育関係で知り合いになった外国人が，日本について2つの疑問がある，というんだ。

その2つとは——。まず大前提がまちがっているんだが，かつて日本はどこかの国の植民地か属国だったと考えている。

いわれてみると，17世紀頃から，第二次大戦終結まではインド洋，太平洋周辺の大陸や島のほとんどが，イギリス，フランス，オランダ，スペイン，ポルトガル，ドイツなどの植民地になっていただろう。

地図（次ページ）で見ると，日本列島も太平洋の島々と一緒に見えるから，ヨーロッパ人で世界史を知らない人だと，日本列島もどこかの国の植民地か属国になっていた，と想像するわけさ。」

「そういわれてみると，その想像は正しいように思えますね。」

「外国人は，日本人が考えもしないことを考えるものですね。ある面では教えられるナー。」

2人は思わぬ想像に感心しています。

「でも考えてみると，日本人の誇りが傷つけられたような気がします。戦争で他国人が上陸したのは1回だけなのに。」

```
┌─────────────────────────┐
│  欧州諸国の植民地になった地域  │
└─────────────────────────┘
```

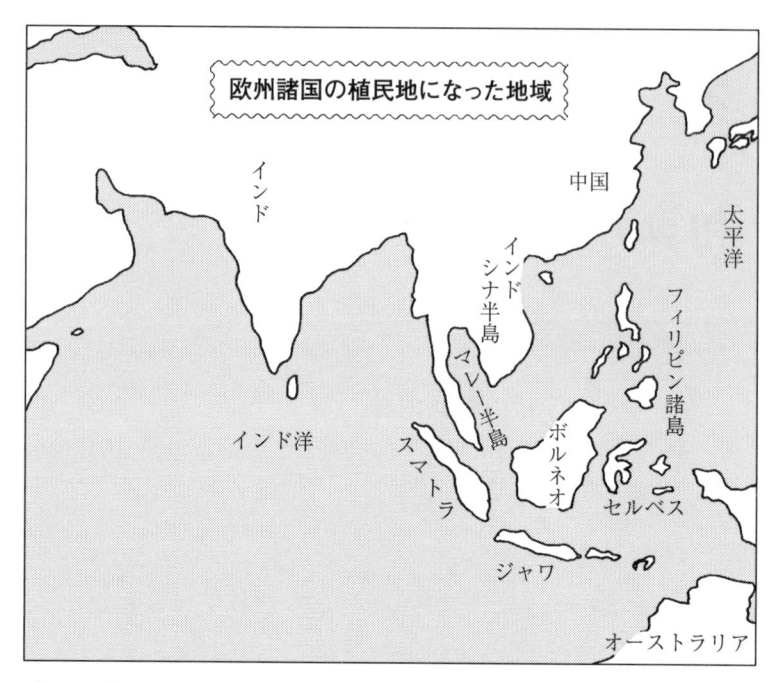

（地図：インド、中国、インドシナ半島、マレー半島、スマトラ、ジャワ、ボルネオ、セルベス、フィリピン諸島、インド洋、太平洋、オーストラリア）

　負けず嫌いの真理子さんは，誤解されたことがくやしそうです。日本が欧米に知られていないこともシャクなんでしょう。
「さて，それを前提にして——，
(1) 以前日本に旅行したとき，日本人はみんなその支配国の英語かスペイン語かを話せると思ったのに，ほとんどの人がしゃべられないので驚いた。
(2) 日本人は，最近やっと数学を学び始めたのに，たちまち世界レベルに達したことに驚異を感じた。
と語った。これを2人はどう思うかい。」
「日本が200～300年間どこかの植民地になっていたと思っている外国人なら，そう思うことが当然でしょうね。
　だって，フィリピンでもミャンマーでも，またインドでも，今も英語が公用語だったり，よく使われているのでしょう……。」

7 和算から洋算へ

「日本はまだ欧米に正しく知られていないからね。
〝侍(さむらい)もの映画〟などの方が先行して,現代でも日本人はチョンマゲで刀を身につけている,と思っている人もいるだろう。」

「外国人が(1)に疑問をもった意味はわかったけれど(2)の方はどうなんですか?」

「日本には,江戸300年間に世界的レベルに達した独自の数学〝和算〟がある,と胸を張っていってやったさ。」

「イヨッ! 大和魂。ちょっと古いですかね。
日本の数学は,和算というしっかりした土台をもっているんですから,西洋数学だってすぐ消化吸収して,自分たちのものにする力があるんですよね。」

「庶民は寺子屋で『塵劫記』を通して算術の学力をつけ,数学愛好家は各流派相競って高度のものへと発展させた。この底辺の広さとレベルの高さとをもっていた国であったことをもっと欧米各国にP.R.する必要があるだろう。」

「そうですね。数学成りあがり国みたいに思われたらシャクです。老舗(しにせ)なんだ,と叫びたいですね。」

克己君は大いに憤慨しています。なだめるように真理子さんが話を変えました。

「ところでお父さん,江戸時代の寺子屋の数や教育内容はどんなものでしたか?」

「いい質問だね。それによって庶民の数学力が想像できるだろう。前に調査した結果を見せてあげよう。」

「お父さん,ついでに武士向けの教育機関も教えてください。」

「武士は武士用に藩学校があった。その他,郷学や私塾あるいは家庭教師など,江戸時代も教育熱心だったよ。日本は昔から勉強家で勤勉な国民だったね。」

寺子屋,藩学校の

分類 教育内容 時代区分	寺子屋					調査校数
	第一類	第二類	第三類	第四類	第五類	
	読書 習字	読書 習字 算術	読書 習字 算術 茶,花 絵,他	和学 漢学 算術	読書 習字 算術 医学 裁縫他	
宝暦―安永 (1751―1780)	6	1	0	1	0	8
天明―享和 (1781―1803)	18	10	3	1	0	32
文化―天保 (1804―1843)	303	127	12	20	24	486
弘化―慶応 (1844―1867)	2,148	925	43	99	80	3,295
明治初年 (1868―1871)	4,573	2,035	68	145	89	6,910
合　計	7,048	3,098	126	266	193	10,731

「これが18世紀から19世紀の約100年間における寺子屋と藩学校の数ですか。ものすごい校数ですね。それに教育内容もいろいろありますね。第一類だと〝読み・書き〟だけですか。ほとん

校数と教育内容

藩学校					
第一類	第二類	第三類	第四類	第五類	調査校数
漢字	習字	皇学	医学	数学 算術 算法 / 学術 法	
13	4	2	2	0	21
45	24	9	4	13	95
82	48	21	16	20	187
72	41	31	20	35	199
47	26	21	2	20	116
259	143	84	44	88	618

どの寺子屋で算術を教えていますね。」
　「それにくらべ藩学校は，生徒数も少ないのでしょうが，内容もたいしたことありませんね。レベルが違うのかな。」

「レベルがちがうというか，中味の濃さがちがうんだね。
読み・書き・ソロバン程度では終らないから。
前に紹介した日本教育史家・唐沢富太郎氏（大学の担任，故人）によると，
"下級の武士には算術を必須科目として課したのであるが，当時の武士の気風は一般に数計算に関することを蔑視していたのであり，平士には算術を随意課としたのである。しかし，藩によっては，算術を六芸の一つであると奨励したこともあった。"
とある。」
「たくさんの和算家の中には，庶民用の算術書や和算専門書のほかに，楽しい本も書いているのでしょう。」
「和算は"芸に遊ぶ"のが特徴だからね。たとえば，
環中仙（かんちゅうせん）の『和国智恵較（くらべ）』（1727年）
中根法舳（彦循）の『勘者御伽双紙（かんじゃおとぎぞうし）』（1743年）
村井中漸の『算法童子問』（1784年）
などが代表的なものだ。
現在でも日本のパズルの本には，そこからとられた問題がしばしば登場している。その意味では現代でも生きている，といえる本だね。」
「たとえば，どんな問題がありますか？」
「アノ，勘者というのは忍者やスパイのことですか？」
「問題はあとでいくつか出すことにしよう。
忍者のことは間者と書くじゃあないか。この勘者は，勘定する者（人），つまりは頭の良い人という意味だよ。」

2　和算から洋算へ

「日本人が正式な形で西洋数学に接したのは,いつ頃になるのですか?」

「正式という意味が難しいが,ユークリッドの『原論』(通称,ユークリッド幾何学)が中国で訳されたのが1607年。そしてこれが日本に伝えられたのは,徳川吉宗時代の1730年代といわれている。和算家は"証明"には関心がなかったので,『原論』を見捨てたそうだけれどね。」

「1853年にペリーの黒船が来て,5年後に日本は開港するでしょう。それから国防,軍備,科学などの点から西洋数学がドーッと輸入され,日本人が学ぶわけでしょうが,ここで改めて,和算を洋算との違いという面からまとめてください。」

「なんだか,討論会かゼミみたいだね。でも,この先の話に必要だからまとめようか。

その1は,欧米は自然科学や工業(生産)技術と結びついて,発達させている。日本の親もとである中国でも天文・暦などと関係を深くしているが,日本は応用を軽蔑した。

その2は,欧米は古代から哲学や思想と深い縁をもっていた。しかし和算は"芸に遊ぶ"という考えが強かった。

大きな違いはこんなところだろうね。」

「日本の数学には記号がなかった,といわれているでしょう。」

「いやいや,これを(右)を見てごらん。筆算でちゃんと記号を使っている。」

現代の文字式	関流の記法
$a+b$	甲 乙　または　│甲│乙
$a-b$	╳甲 乙
$a \times b,\ ab$	│甲乙
$a \div b\quad \dfrac{a}{b}$	乙│甲

「数学専門家の社会的地位の点ではどうですか。」

「ヨーロッパでも"中世の暗黒時代"といわれた非科学時期では，数学者だけでは食べていけず占星術などの内職をやっていた，というから，ひどい時期もあったろうが，大体においては数学者として生活が保障されていたね。

数学が哲学や科学と手を結んでいたからだ。」

「江戸時代の日本でも，数学ができると勘定方，天文方や測量・水利工事の技師，あるいは算学師範になれたでしょう。生活できたんじゃあない？」

「でも，それは下級武士の場合だろう。

哲学，科学と結びついていないと"立派な職業"としての価値が認められないし，収入も得られないだろう。」

「そうなると，どんな人が和算家になったのですか？」

「これまでの話を思い出してみればわかるだろう。

主として高級武士だね。内藤政樹，有馬頼僮という殿様もいただろう。それに豪農などの資産家や大商人という人たちの道楽。

あとは算術教授（寺子屋，塾経営や遊歴算家など）で礼金をとって生活をしていた人たちだった。

これからわかるように，諸外国にみられる地位的，財政的な優遇がなかったんだ。」

「洋算はどういう形で，日本に入ってきたのですか？」

「1839年"蛮社の獄"で投獄された高野長英，渡辺崋山の門人という数学者内田恭の私塾名が『瑪得瑪弟加塾』というのだそうだが，これは何と読むか。」

「ェェ〜，瑪という字は始めて見たワ。なんて読むのかな。馬があるから"マ"でしょうね。だからマエマテイカというのかナ。」

克己君が急にワカッタ！と叫びました。

7 和算から洋算へ

「なんだよ，大声を出してー。」
「うれしかったからですよ。

$$\underset{\text{マテマタ}}{\mu\alpha\theta\eta\mu\alpha\tau\alpha}（諸学問）\rightarrow \underset{\text{マセマティック}}{\text{mathematic}}（数学）$$

『マテマティカ塾』と読むのでしょう。進歩的な先生ですね。これは和算家がもつ西洋数学に接していたという事実を示すものでしょう。」
「よく読めたネ。これから20年もしないうちに，日本人による洋算書が2冊同時に出版された。
 ○江戸で柳河春三著『洋筭用法』(1857年)
  彼は数学者ではなく，洋学者中の奇才といわれ，オランダ系統のタイプで算用数字や算式を用いた純然たる洋算書。
 ○大阪で福田理軒著『西筭速知』(1857年)
  彼は有名な和算家であり，順天堂という数学塾を創る。この書は算用数字や計算記号がない半洋算書。

この2人を代表するように，初めからの洋算家はいなかったようだね。」
「積極的に学ばれるようになったのは，国防上からでしょう。」
「海軍伝習所が創設されたのが1855年で，ここではオランダ人から航海術とともに西洋数学の教育を受けている。
陸軍の方はフランス軍制をまねし，1863年開成所で西洋数学の講義が始まっているんだよ。」
「ということは，洋算を広めたのは"洋学者"——蘭学者，英学者，仏学者など——と，いま話に出た陸海軍の関係者ということになるのですね。」
「和算家も相当いたんでしょう。お父さん。」
「当時の雰囲気を上で述べた，柳河春三と福田理軒とに語って

もらうことにしよう。まず、柳河氏(洋学者)から。

〝我が日本、俗の美、性の慧なる万邦に冠たり。而して我が技巧の西人に譲らざるもの、算術その最たり。然らば即ち洋算は学ぶに足らざるか。曰く否。彼もまた長ずる所あり、……航海測地の法の如き、彼の尤も長ずるものにあらずや。而も悉く算法に濫觴す。夫れ我の地理に於ける、東は東を弁せず、北は北を知らず。故に今の時務は、以て其の術を習い、その蒙を発くを急の尤も急となるもの、……。〟

どうだい、和算、洋算の違いをよく述べているだろう。

次は福田氏(和算家)の方だ。

〝童子問て曰く、皇算洋算、何れが優り何れが劣れるや、曰く……何ぞ優劣あらん。……又問て曰く、……其学は何れが捷敏なる。又何れや学び可なるや。曰く、捷敏は学者の任に在て、その巧不巧によるべし、何ぞ術に関からんや。又其学に於るや、何ぞ可、不可あらん……。〟

と語っている。洋学者、和算家で多少違うが進歩的な面は共通だろう。」

「そうこうしているうちに、1872年(明治5年)に学制が頒布されますね。」

「学制や学則は簡単に作れるが、教育の現場は先生も教育方法・内容もすぐにうまくはいかず、いろいろな混乱がしばらく続くんだよ。」

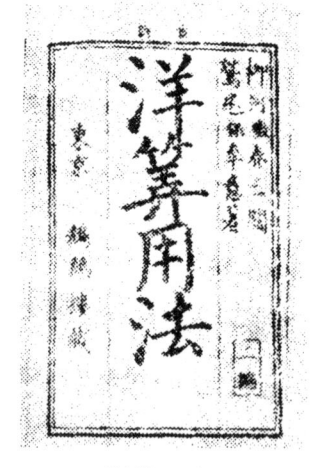

洋算の本

3　日本人の数学障害物

「学制が出たあとの混乱というものに，どんなものがあったのですか？」

「小学教則を出した翌年にもう改正が出て〝教則中，算術は洋法算術とあれども和算をも課す意義にして，数学書等を以って教授すべし〟，としている。それでも，

　　寺子屋・藩学校 ⟶ 公教育機関 ⎫
　　　　和算　　　⟶　　洋算　　⎬

という具合にうまく新制度，新教育がすべり出したね。

そして小学校教育が実質的に洋書になったのに，ほぼ15年間を必要としたという。」

「やはり，0からでなく何か土台ができているということはレールに乗るのが早いですね。」

ここで，真理子さんが不満そうにいいました。

「1900年頃には，すっかり洋算の軌道に乗ったようにいうけれど，あたしはまだ乗り切れないわ。

大体，算数や数学には3つの抵抗を感じるのよ。」

「何だい，その障害物は？」

「ではいいますネ。

(1) 文章題などでは，和算の流れ，遺物のようなわかりにくい文章や表現があること。
(2) 用語に意味がとりにくいものがあること。
(3) いろいろな記号が勝手につけられていること。

この3つがやる気をなくす元凶です。」

「僕は数学が好きだから,何も障害なんて感じないで勉強してきたけど——。真理子,その(1)〜(3)を具体例をあげていってごらんよ。」

「(1)でいうと右のようにまぎらわしい表現や,省略表現があるでしょう。

何がどうなっているか文章題でも意味がくみとれないものがあるし……。こんなのは和算の中の漢文調の残がいでしょう。」

「そういわれると,説明文や問題文の意味を理解するのに時間がかかることもあるね。で,(2)は？」

○ 直線上の点
　　●←どちらを
　　　さすのか？
　─────●─────

○ a の b に対する比
○ 直線と平面の作る角
○ 点Aから見込む角
○ 2点を結べ
　（「直線で」が省略）
○ 約数を求めよ
　（「すべての」が省略）

「数学用語の大部分が中国伝来語でしょう。

項,素因数,同類項,絶対値,有効数字,方程式,有理数
など,初めて見たとき難しいと思ったワ。

見たとたんに,もうダメという感じよ。」

お父さんは黙って聞いていましたが,

「代表的な中国伝来語は次のものだね。

幾何(きか),代数,函数(かん),方程,統計

2人は,これらのいわれなど知っているかい。」

「幾何と函数と方程は有名なので知っています。

まず幾何ですが,ユークリッドの『原論』が geometry として欧米から中国に伝えられたとき,徐光啓とイタリア人マテオ・リッチが訳すに当って,geo(ジェオ)と音が似ていることもあり,面積幾何(いくばく)などに用いる幾何(ジィーハー)を当てたことに由来します。」

「パッチワークの幾何図形とか,西洋庭園の幾何模様なんてい

い，日常語化していますね。でも，日本人にとっては幾何の語が図形を意味することとは解釈できないんでしょう。イヤーネ。」

克己君が真理子さんを無視して続けます。

「函数も同じく中国音から来ています。

英語の作用の意味をもつ function を中国語にするとき，函数(ハンスー)を当てたんです。これはうまいですね。

日本でクラブを倶楽部，ローマンを浪漫，ジョークを冗句と当てたようなもので意味と音が一致しています。」

「お兄さん，日本ではいま函数ではなく関数でしょう。」

「お父さんが説明しよう。これは戦後教育漢字ができたとき函が使えなくなり，関としたのさ。話はそれるが，そのとき右のような用語の変更があった。

このほか，矩形が長方形，梯形(てい)が台形などもあったよ。」

稜	→	辺
楕円	→	長円
抛物線	→	放物線
円筒	→	円柱
収斂	→	収束
冪	→	累乗 など

「お父さん，いま長円ではなく，楕円ていうでしょう。また，円筒状なんて言葉もあります。」

「変更しても社会や学界に定着しない用語もあるんだね。」

「次は方程です。これはいままでにも話がでてきたものです。

1世紀の中国の名著『九章算経』の第八章の章名です。

日本では"式"をつけて方程式という使い方をしています。

お父さん，方程の意味は何ですか？」

> 九章算術卷第八
> 方程 以御錯糅正負
> 〔一〕今有上禾三秉，中禾二秉，下禾一秉，實三十九斗；上禾二秉，中禾三秉，下禾一秉，實三十四斗；上禾一秉，中禾二秉，下禾三秉，實二十六斗。問上，中，下禾實一秉各幾何？
> 荅曰：
> 上禾一秉，九斗四分斗之一，
> 中禾一秉，四斗四分斗之一，
> 下禾一秉，二斗四分斗之三。
> 方程 程，課程也，羣物總雜，各列有數，總言其實，令每行為率，二物者再程，三物者三程，皆如物數程之，並列為行，故謂之方程。行之左右無所同存，且為有所據而言耳，此都術也，以空言難曉，故繫之禾以決之次。
> 之算列衡行者，犯諸之方程，行之左右無所同存，且為有所據而言耳，此都術也
> 九章算術卷八　方程 三三

「方は比，つまりくらべるで，程は式という意味で，いろいろなものをくらべ，整理して式にまとめることからきた，といわれている。他にも種々の説がある。

和算家の建部賢弘は〝方は正で，程は禾（いね）である。正とはいろいろな数を行列にしてきちんと並べることで，禾を並べて答を求めることからできた語〟だという。

中国発音は方程(ファンテン)だ。」

「お父さん，代数と統計の方をよろしくお願いします。」

「代数は，1859年に李善蘭がド・モルガン著作の『Element of Algebra』を中国語訳したとき始めて使用したという。数式の表記をアルファベットa，b，x，yなど〝数の代り〟に用いているところから創案したのだろう。この語は日本人にも抵抗がないね。さて，統計だが，これの素朴な〝数の表〟というのは中国では古いだろう。万里の長城にしても，故宮にしてもあるいは明の十三稜にしても，あの大工事では人間，食糧，木材，器具その他莫大な量が必要とされていたので，素朴な統計は存在していた。欧米の equation に方程式を当てたと同様，内容が同じことから statistics に統計の語を当てたのだろう。」

「だいぶわかってきたけれど，あたしの最大の疑問は『数学』という言葉ですね。

文字通り言えば〝数の学問〟でしょう。そうなれば幾何，つまり図形はもちろんのこと，代数，つまり文字式も入らないのよ。！」

「お父さんも数学用語の中で，一般人に一番誤解を与えているのが〝数学〟の語だと思う。

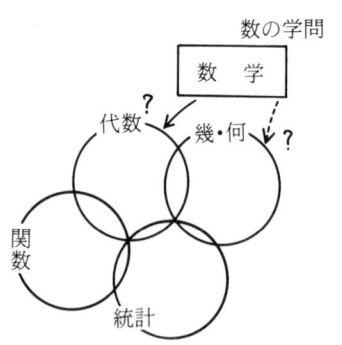

7 和算から洋算へ

　数学嫌いの人の数学イメージは，数字，計算だろう。
　古代ギリシアのマテマタの意味は諸学問，インドで数学を意味するガニタは科学，ということだから，これらは適切な語だね。
　もっとも創案国の中国を恨んでも仕方がない。日本では和算時代も〝算法〟といってきているんだ。（著者は『万手学（マテ）』を主張）
　ところで真理子の第3の障害は何だ。」
　「記号です。とりわけ図形で使う記号で，大文字，小文字なども乱れ使われているでしょう。」
　「ではひとつまとめて考えてみるかネ。次のいろいろな文字の使われている意味をいってごらん。克己は(6)担当だ。」

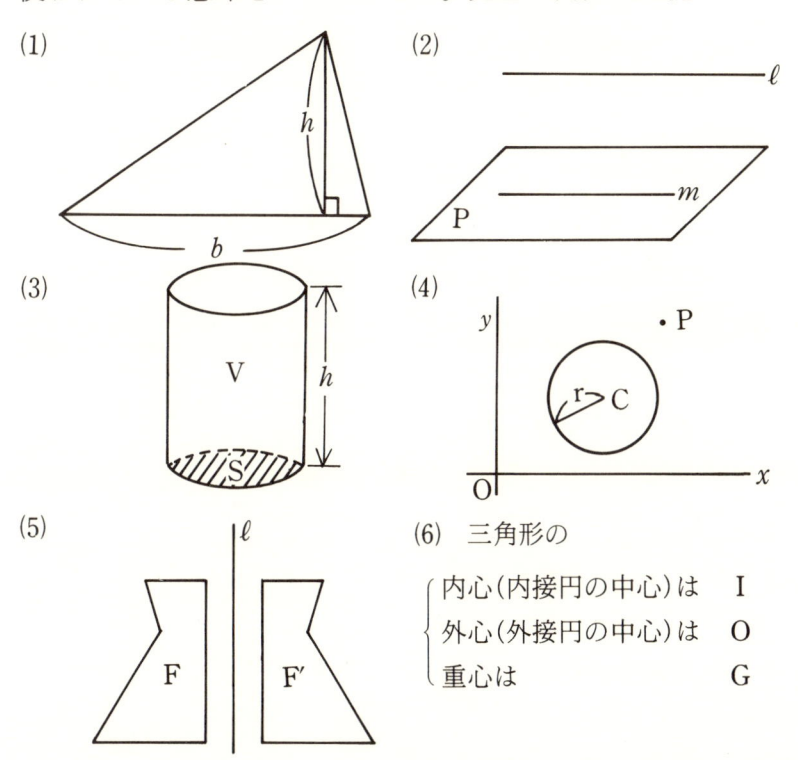

(1) [図：三角錐 底辺 b，高さ h]

(2) [図：直線 ℓ と平面 P 上の直線 m]

(3) [図：円柱 体積 V，高さ h，底面積 S]

(4) [図：xy 座標平面上の点 P，中心 C 半径 r の円]

(5) [図：直線 ℓ に関して対称な図形 F と F']

(6) 三角形の
　$\begin{cases} \text{内心（内接円の中心）は} & I \\ \text{外心（外接円の中心）は} & O \\ \text{重心は} & G \end{cases}$

真理子さんは英語も得意なので意欲的です。

「(1)の b は base、h は height。(2)の l は line、m は l の次。P は plane。(3)の S は space、V は volume。(4)の P は point、C は center、O は origin、r は radius。(5)の F は figure（図形）などのそれぞれ頭文字です。

ということは――，ですネ。欧米の生徒はずいぶんらくですね。だってあたしたちが高さはタ，底辺はテとやるのと同じですから。欧米人が記号で何かがすぐわかるのに対し，日本人はただムチャクチャに暗記するしかないでしょう。」

「ほんとうだナ。僕もそれは強く感じます。いまの数学が西洋数学だから仕方がないとはいうものの，負担ですね。

ところで内心の I は incenter（内心）の頭文字で，外心 O は circumcenter で…アラ，o がないナ。重心の G は center of gravity の G です。」

「外心に C を使うこともあるんだよ。習慣上で O を使っているようだ。このほかに，右のようなものがある。克己は知っているだろう。」

「ハイ，前にお父さんに教わりました。+ は et（そして）を早く書いたもの。∞ は similar（相似）の s を横にしたもの、$\sqrt{\ }$ は root（根）の r の図案化、∫ は sum（和）の s を引き伸ばしたものです。また，π はギリシアの $\pi\iota\varphi\varepsilon\rho\varepsilon\iota\alpha$（円周）の頭文字、$i$ は imaginary number から。e は発見者 Euler の e だったですね。」

加 法	+
相 似	∞
平 方 根	$\sqrt{\ }$
積 分	∫

円 周 率	π
虚 数	i
自然対数の底	e

（参考）　片野善一郎著『数学用語の由来』（明治図書），
　　　　『数学と数学記号の歴史』（裳華房）

7 和算から洋算へ

4　数学大国〝日本〟

「さて，2人に古代からの日本の数学について話してきたが，日本人の数学への関心，対応がわかっただろう。」

「そうですね。中国の数学を吸収し，西洋の数学を輸入して消化し，たちまち世界的なレベルに達したのですから，スバラシイと思います。」

「その学力が科学を振興し，ハイテクノロジー関係や先端科学物資を生産して，経済大国になったのはいいけれど，いま世界の反発を受けているでしょう。

今後どういう方向に進んだらいいのでしょうね。」

克己君が誇らしげなのに対し，真理子さんは心配しています。

「先日もテレビの対談で，〝アメリカでは学会や研究所に多額の研究費を出し，新しい発見をしたのに，日本がそれを製品化し生産してもうけている。これはずるいではないか〟といっているんだね。

日本人は和算にみるように，よそで創ったものを改良し，発展し，高度にすることは上手——漢字から平仮名，片仮名を創ったのもそのひとつ——だが，全く新しいものを創造する力に欠けている。今後，〝世界の日本〟になるためには，どんどん新しい創造をし，世界に貢献しなくてはならないだろう。」

「そのためには，どんな数学の勉強法や数学教育が必要なんでしょうか。」

「日本が〝計算力世界一〟で満足していてはだめだね。科学の創造力を養うためには，数学を使って問題解決するという数学の応用力，数学を自由に駆使できる力を養うことが大切だ。

本当の意味の数学大国になることが，科学技術の面で世界に奉仕できる尊敬された日本になるだろう。」

♪♪♪♪♪ できるかな？ ♪♪♪♪♪

　『和国智恵較』の著者 環 中 仙の本名は不破仙九郎といいます。彼は岐阜の水害が多い地方で生まれたが，そこでは円形の堤防(環中)を築いて水害を守ったことから"環中"と号したのです。

　彼はわが国の手品の元祖といいます。次は彼の問題です。

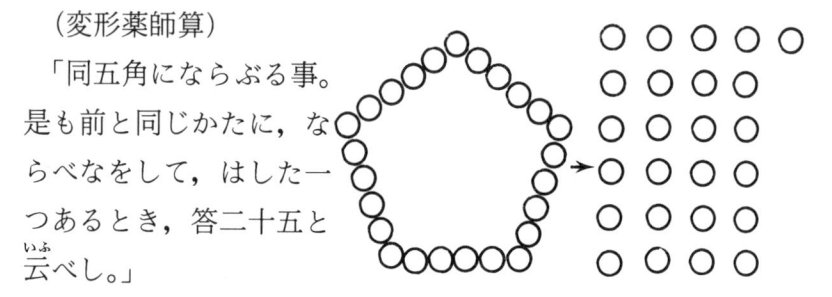

　(変形薬師算)

「同五角にならぶる事。是も前と同じかたに，ならべなをして，はした一つあるとき，答二十五と云べし。」

　どう計算したのでしょうか。

　『勘者御伽双紙』には「さつさ立て」「島立て」「十不足」など有名なものがありますが，次は十不足の問題です。

「銭にても碁石にても物数九つ先の人に渡して，いか程成とも，心のままに手の内に握って御用あれ。此方よりも又握りて出て其方の物数ほどかへし，さて御出有たる物数を十にたして，後に三つあまさんといふて，物数十三持て出る也。十二持て出れば，二つあまさんといふなり。いくつにても同断。」

　『算法童子問』の中の(鶏，狗，章魚の事)「厨下をうかがえば，庭に鶏あり，狗あり，またまないたに章魚あり。庖人が曰く，三種合せて二十四箇，足数合せて百二足なり，鶏，狗，章魚，をのをの幾何と問。」

　同書本にある右の和歌を読んでみよう。

第Ⅱ部

東海道五十三次パズル
――弥次・喜多 〝数学〟珍道中――

最近できた，三条大橋の弥次・喜多の銅像

第1話

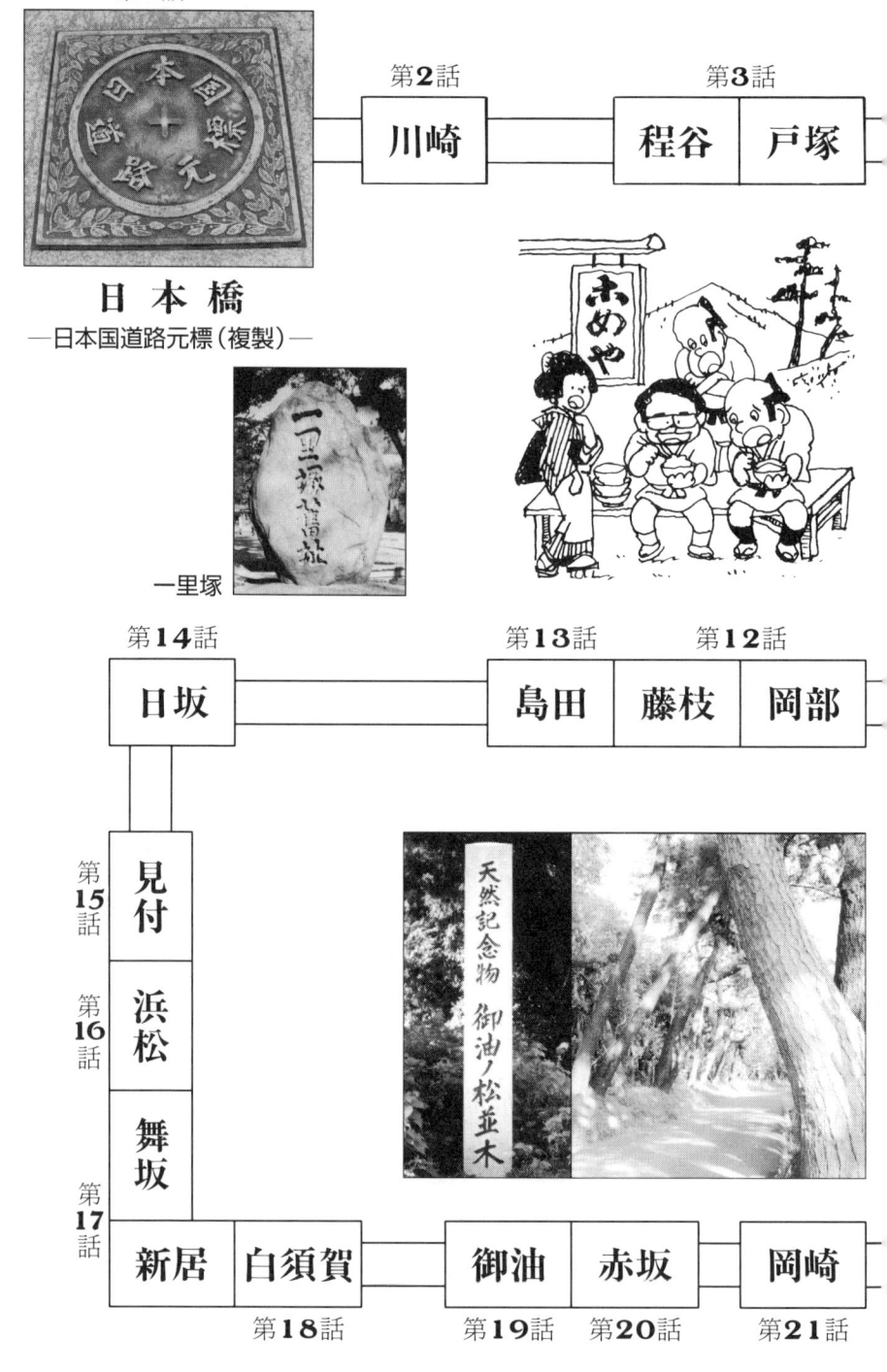

日本橋
―日本国道路元標（複製）―

第2話 川崎

第3話 程谷 戸塚

一里塚

第14話 日坂

第13話 島田

第12話 藤枝 岡部

第15話 見付

第16話 浜松

舞坂

第17話 新居

第18話 白須賀

第19話 御油

第20話 赤坂

第21話 岡崎

天然記念物 御油ノ松並木

第4話		第5話	第6話	第7話
藤沢		小田原	箱根	三島

第8話 吉原

第9話 蒲原

第10話 江尻　第11話 府中

第22話 宮　第23話 四日市　第24話 関

三条大橋

第25話

東海道五十三次と『東海道中膝栗毛』

　東海道五十三次は，いまから400年程前（慶長年間）にできたそうで，日本橋から京都までは126里6丁1間（503km）あり，ふつうの人は13日間かけて旅をしました。
　この五十三の宿場の名前は，本書の裏見返しにあります。
　『東海道中膝栗毛』は年輩の弥次郎兵衛と若者の喜多八とが，東海道五十三次を旅する物語で，途中，いろいろな事件を起こし，災難に遇いながら，しかし江戸ッ子らしいタンカやシャレを交え，明るく楽しい珍道中をするものです。
　有名な事件，災難の例をあげてみましょう。
- 五右衛門風呂に下駄で入り，釜の底を抜いてしまう。（第5話）
- 深夜，同宿の巡礼の若い娘のふとんに入ろうとし，暗やみのためまちがえてばばの方に入り，怒られて逃げる途中階段から落ちた。（第9話）
- 馬子と旅人のオーバーな会話のやりとり。（第10話）
- 大小をさした侍気取りで高飛車に川問屋と値段を交渉したところ，太刀に見せかけた脇差の鞘袋が柱で折れ曲り，ニセ侍と発覚して恥をかいた。（第13話）
- 弥次さんから，喜多さんが人をだます狐とまちがわれたり（第20話），狂人扱いにされたりする。（第21話）

　その他，駄ジャレの和歌や後世の落語のネタになった話など数々あり，作者十返舎一九の才能に驚かされます。
　本書では『東海道中膝栗毛』の中から，数学の話題になり，パズル，パラドクスになるもの25話を拾い出しました。

〔第1話〕　お江戸日本橋七ツ立ち ──日本橋──

　有名な『東海道中膝栗毛』の著者十返舎一九は，1765年（明和2年）府中の下級武士の子として生まれ，1802年（享和2年）から数年かけて，この書をまとめました。この時代は，欧米でいえば，フランスでナポレオンが皇帝即位（1804年）した頃です。
　"膝栗毛"の語は，膝を栗毛の馬の代りにして歩く意味で，徒歩旅行のことをいいます。
　十返舎一九という人物は，多くの人に語られ書物に述べられていますが，総合すると次のようです。
　「男ぶりはよく，戯作（げさく）など書きそうもない真面目な人物で，ある人が一緒に旅をしたところ，『始終何か書いていてろくろく話をするわけでもないし，あんなおもしろくない人はなかった』と語ったそうである。しかし一方で，人の能をねたまず，おのれを飾らない人付き合いのよいきさくな人柄である。」と。

　　問題　　こんな有名な民謡を知っているでしょう。

　♪お江戸日本橋七ツ立ち　………
　　………高輪夜明けて提灯消す♬

　さて，江戸から旅立つというときは，日本橋を「七ツ」の時刻に出るのがふつうだったようです。そして高輪までくると明るくなり，品川宿に来ると見送りの人はここで別れを告げるといいます。
　では「七ツ」とはいまの何時でしょうか？

解説と答

　江戸時代では，1日の時刻を右のように決めていました。

　「九ツ」というのは時刻の基準で，午前0時と午後0時をいったのです。

　右図から「七ツ」とは午前4時，まだ暗いうちに旅立ったわけです。

　当時，1里を1時間で歩いたので日本橋から2里離れた高輪には午前6時頃に着き，もう提灯はいらなくなる，というわけです。

　ことのついでにもう少し時刻の話をすると，この時代より前は，午後11時から午前1時を「子の刻」とし，あと2時間ごとに十二支を当てました。「午の刻」は午前11時から午後1時でその真中が"正午"と呼ばれたのです。これが正午の語源です。

　また，地球の経線をさす「子午線」は，右の図で北を子，南を午としたことからきた言葉です。

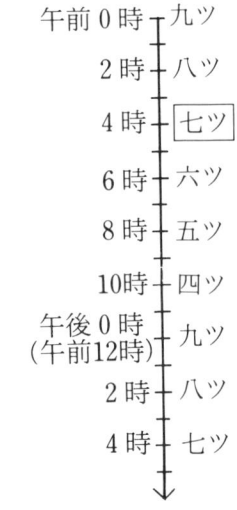

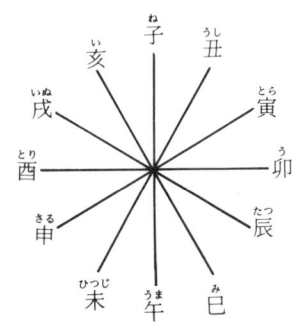

午前0時	九ツ
2時	八ツ
4時	七ツ
6時	六ツ
8時	五ツ
10時	四ツ
午後0時（午前12時）	九ツ
2時	八ツ
4時	七ツ

（余談）　日本橋とは，江戸の中心（後世，日本国の中心）で，1603年（慶長8年）に初めて隅田川にかけられました。長さは約90m（43間）。その翌年全国に通じる諸街道の里程元標となりました。現在の橋は1911年（明治44年）に造られたもので，橋の真中に日本国道路元標（P.128）があります。

〔第2話〕 じばでのってくんなさい ——川崎——

『東海道中膝栗毛』の書き出しは，弥次郎兵衛，北八（以後通称の弥次，喜多を用いる）が江戸を出発するところから始まっています。まず，原文のままで——。

「……花のお江戸を立出るは，神田の八丁堀（P.171の図参照）辺に独居の弥次郎兵へといふのふらくもの（怠け者），食客の北八もろとも，朽木草鞋の足もと軽く，千里膏（万能な膏薬）のたくわへは何貝となく，はまぐりのむきみしぼりに対のゆかたを吹おくる，……。」

そこで，往来の切手をもらい，大屋(家主)への借金を返し，関所の手形を受け取って，いよいよ出発です。

品川を通り，処刑場で有名な鈴ヶ森を抜け，六郷川（現在の多摩川）を船で渡りました。船賃は1人13文です。向う岸に着いて『万年屋』という茶屋に腰をおろして昼食をとりました。それが70文。このあと外に出ると，馬方が来て馬に乗れと勧めます。その会話を原文で示しましょう。

馬かた「おや方，かへり馬（もどり馬）だが乗ってくんなさい。」
弥次「安くばのるべい。」
馬かた「さか手でいかふ。じばでのってくんさい。」

　問題　お金について聞くことにしましょう。

船賃と昼食代は現在でいうといくらでしょう。

また，馬駄賃の「じば」というのはどういう意味で，いくらでしょうか？

六郷川(今の多摩川)

解説と答

"千両箱"というのは時代劇にも出てくるのでよく知っているでしょう。では1両と1文の関係はどうなっていますか。

金1両＝銀60匁＝銭4000文＝米1石＝6万円

これから　1文＝15円　ということがわかります。そこで船賃13文は195円。昼食代70文は1050円となります。現代とあまり変りませんね。さて、「じば」というのは、当時"二"のことをいい、二十文、二百文の符丁(ふちょう)でした。二百文は3000円です。タクシー代ということですね。普通だと250文ぐらいとられたそうです。ことのついでに、他の種々の料金、費用を示しましょう。

宿賃	200文	駕籠賃　2朱248文	
茶屋	32文	本馬(ほんま)(40貫の荷物を乗せ1里分)	47文
手拭(てぬぐい)	90文	軽尻(からじり)(人間だけ乗る1里分)	30文
橋銭(竜田川)	2文	人足(5貫までの荷物1里分)	23文
肩車(大井川)	164文	酒手(賀籠賃、馬駄賃の7％程度)	

（注）　2朱は1両の8分の1

（**余談**）　**さか手**とは、酒手のことで正規の賃銀より安く、チップ程度のことをいいます。江戸時代、大名への給料は"何十万石"といった「米」を基準にしたものでした。古代ローマ時代は「塩」で給料を支払い、そのラテン語サラリウムが、現代のサラリー、サラリーマンの語源といいます。

〔第3話〕 旅人を取つかまえ！ ——程谷・戸塚——

　おとまりはよい程谷ととめ女
　　　　　　　　戸塚前てははなさざりけり
　上は，弥次さんの"駄ジャレ歌"で，その意味は，
　お泊りはよいほどがいい（程谷，現在の保土ケ谷），ととめ女が旅人を取つかまえ（戸塚前）て，なかなか離さないのです。（程谷は戸塚の1つ前の宿）
　この歌のあと続いて，
　と，打わらひ過行ほどに，品野坂といふところにいたる。是なん武州相刕の境なりときけば，
　玉くしげふたつにわかる国境
　　　　　　　　所かはればしなの坂より
　すでにはや，日も西の山のはにちかづきければ，戸塚の駅になんとまるべしと，いそぎ行道すがら，
　弥次「これ喜多か，またっせへ。はなしがあらア。なんでも道中は飯盛（宿の女中で売春もする）をすすめてうるせへから，ここにひとつはかりごとがある。」
　そういって弥次，喜多が旅仲間ではなく親子関係をよそおって宿屋へ行く計画を練っています。
　かくして旅の第一夜は戸塚に泊るわけですが，これがふつうの旅のコースで江戸から10里半の道のりです。

　問題　　弥次，喜多道中の第1日は無事済みました。この10里半は何kmでしょうか？

解説と答

　弥次さんを借りて〝駄ジャレ歌〟を作らせた十返舎一九という作者は，なかなかこの道にすぐれた上手な人ですね。

　保土ケ谷の宿場としては，自分たちのところに旅人を泊めさせようとして女中を繰り出し客呼びに精を出したのでしょう。

　それにしても〝よい程がいい〟（よい程谷）といい〝取つかまえ〟（戸塚前）といい，実にうまく当てたものです。

　筆者も50年程前，これに似た呼び込みを受けた経験があります。それは富士登山をした折で，そろそろ薄暗くなった七合目，八合目の山小屋の前を通ると，

　「お客さん，もう九合目は一杯で泊れませんよ。ここに泊って明日早く出た方がいいですよ。」

　と，何度も呼び止められました。しかし，九合目までいったら，そこの山小屋はガラガラだったのです。手前の宿では，どこでもそんなことをするようです。

　さて，程谷は江戸から 8 里半，戸塚は10里半ですが，足の遅い人，弱い人は程谷に泊るわけです。1 里は 4 kmですから，

　　江戸――程谷　　$4^{km} \times 8.5 = 34$　　34km

　　江戸――戸塚　　$4^{km} \times 10.5 = 42$　　42km

　1 kmを10分で歩くのはやや早い方と思いますが，この速さで戸塚泊りの人は正味 7 時間歩くのですから，これを何日も続けるのはずいぶん大変なことだったでしょう。

（**余談**）〝里〟の他の長さの単位には次のようなものがあります。

　　　1 里＝36町，　　1 町＝60間，　　1 丈＝10尺，　　1 間＝ 6 尺，
　　　1 尺＝10寸，　1 寸＝10分

　　　そして 1 尺≒0.303m

〔第4話〕 大福町と算盤橋(そろばん) ――藤沢――

次の会話は，江の島への道順を聞いた人に対するものです。

弥次「そこをずっといき，あたると石の地蔵様がありやす。」

喜多「アノ地蔵様は瘡(かさ)（天然痘）の願がきくそふだ。おらが方のへたなす（ぼけなすのこと）があれでなおった。」

弥次「ほんに瘡といやア，新道の金箔(きんぱく)やのたぬ吉め（知人の名）は，草津へいったっけが，どぶしたしらん。」

喜多「あれは大福町に所帯をもっていらア。」

弥次「大福町といふはどこだ。」

喜多「大福町はおいらが通りをまっすぐに，當座町(とうざ)へ出て，判取町から店賃町(たなちん)を通って，地代屋敷の算盤橋(そろばく)をわたると，そこが大福町だ。」

聞く人「そんなことよりゃア，江の島へゆく道をおしへてくんさい。」

弥次「ほんにそふだっけ。その地蔵様から大福町をまっすぐに行くとの。」

聞く人「江の島へ行くにも，そんな町がござるか。」

弥次「イヤイヤ，こりゃ江戸の町だっけ。」

ここで道を聞いた人は怒って行ってしまうのです。この2人は始終，他人をからかっています。

問題 喜多が語った，大福町，当座町，判取町，店賃町，地代屋敷，そして算盤橋などいじわるのためのデタラメですが，さて〝算盤〟とは何でしょうか？

現在の藤沢駅

解説と答

"筭"の文字は「竹を弄ぶ(もてあそ)」からできた語で，37ページで述べたように昔は占いの筮竹(ぜい)と同じものを並べて計算をしたからです。これは現在の算の古字です。

さて，算盤町(そろばん)というのは江戸時代の計算必需品である"そろばん"を製作している店が集っている場所の町名です。

昔はそうした町がたくさんありましたね。箪笥町(たんす)，鍛冶町(かじ)，人形町，材木町，紺屋町など有名です。

次に算盤ですが，この名称についてはすでに52ページでとりあげましたから，ここではソロバンの語を紹介しましょう。

本によっては種々あります。

『割算書』では算馬，『算法點竄指南録』(てんざん)では顆盤，

『真元算法』では珠算盤，『算法童子問』では算顆盤，

その他，十露盤，数量盤，算呂盤などがありました。

欧米の算盤 Abacus や計算 calculation の語源に小石の意味をもつことからも計算と珠にかかわりがあることがわかります。

（余談）　ソロバンの歴史は大変古く，素朴なもの(原型)は4000年位前になるでしょう。

現在は位取り記数法ですが，1500年以上前はどの民族も数字は異なりますが"桁記号記数法"によっていました。この数の表し方は，加法，減法はらくですが，乗法，除法はほとんどできないのでネンド板に掘った溝に小石を並べ，それを動かして計算をしました。この小石に串をさしたのが，いまのソロバンです。

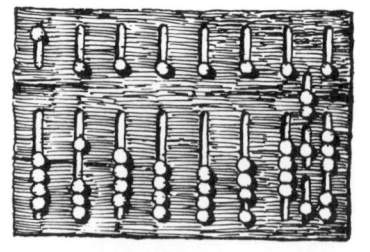

ローマの溝ソロバン

〔第5話〕 上方にはやる五右衛門風呂 ——小田原——

　小田原の宿に着いた2人の会話を少し聞いてみましょう。
喜多「コレコレ女中，煙草ぼんに火を入れてきてくんな。」
弥次「ヲヤ，てめへとんだことをいふもんだ。」
喜多「なぜ，なぜ？」
弥次「煙草ぼんへ火を入れたらこげてしまはア。煙草ぼんの中にある"火入れ"のうちへ，火を入れてこいといふもんだ。」
喜多「エエ，おめへもことばとがめをするもんだ。」
弥次「ときに腹がきた山（空腹のこと）だ。いま飯をたくよふすだ。らちのあかねへ。」
喜多「コレ，弥次さん，おいらよりやァおめへ文盲（無学）なもんだ。めしをたいたら，粥になってしまうわな。米を焚くといえばいいに。」
弥次「ばかァぬかせ，ハハハハ。」
　ここで，女中が煙草ぼんをもってくる。
喜多「モシあねさん。湯がわいたらヘエリなせう。」
弥次「湯がわいたら熱くてはいられるものか。それも水が湯にわいたら，ヘエリやしやうとぬかしおれ。」
　これから先が『膝栗毛』物語で最も有名な部分です。
　"五右衛門風呂"を知らない弥次は内蓋（底板）を外に出し，釜の下が熱いので，側の雪隠（便所）の下駄をはいて風呂に入ります。喜多も同じようにして下駄で入り，ガタガタした末，風呂釜の底を抜き，2朱（7500円）の弁証金を払わされた，というおもしろいお話です。

　問題　60°の湯に，等量の20°の水を入れたら80°になりますか？

解説と答

お湯 3 kℓ に水 1 kℓ を加えると,
$$3^{kℓ} + 1^{kℓ} = 4^{kℓ}$$
と計算しますが,お湯60°に水20°を加えても,$60° + 20° = 80°$ としません。これは加えるという意味が熱の場合は量と異なるからです。

（余談）　五右衛門風呂のいわれの話をしましょう。

豊臣秀吉の世（16世紀）に,石川五右衛門という大盗賊がいました。彼は忍者の出で,大金持ちから盗んだ金を貧乏人に分け与えた義賊であった,とかいろいろいい伝えがありますが,実在かどうかは不明です。

彼はついに捕えられ,1594年,京都三条河原で「釜茹（ゆで）の刑」に処せられました。このとき,後世有名な辞世の句

　　　石川の浜のまさごは絶きるとも
　　　　　　　　世に盗賊の種は絶きまじ

をいい残したといわれています。

この五右衛門の釜茹からヒントを得た知恵者が,熱効率のよい直接釜をたく風呂を考案し,それが京都を中心に,次第に広まっていったようです。弥次,喜多が江戸にいた頃は,まだ小田原までしか広まっていなかったので,2人はこの形式の風呂の入り方を知らなかったのです。

"五右衛門風呂" の構造は,1人が入れるほどの大きな鉄釜（あるいは土釜）に内蓋（ぶた）（これが底板（そこ）になる）をのせ,直接釜の下から薪（まき）を燃やします。入浴するときは,この内蓋にのり足を熱くしないようにして湯につかります。当然,ふちも熱いので気を付けないとヤケドをします。

〔第6話〕 箱根八里は馬でも越す ——箱根——

"箱根"は、東海道随一の難所の上、厳しい関所がありました。「入鉄砲に出女」という言葉は有名ですね。このため、何百人という"関所破り"（裏山を登って抜ける）がいたようですが、捕えられたもののうち、処刑されたのはごく少数（6人）で多くは薮に迷い込んで山に入った、「薮入り」という解釈をして、無罪にしたそうです。これはおかみ（小田原藩）の温情、善政といわれています。

問題 改めて聞きますが「入鉄砲に出女」とは、どういう意味でしょうか？ また、関所の御番所の間取図（平面図）はどのようだったのでしょうか？

箱根八里塚　箱根路の碑　馬頭観世音　諏訪神社　箱根峠　資料館　箱根関所跡　杉並木　権現坂　屏風山　石畳　旧街道資料館　箱根観音

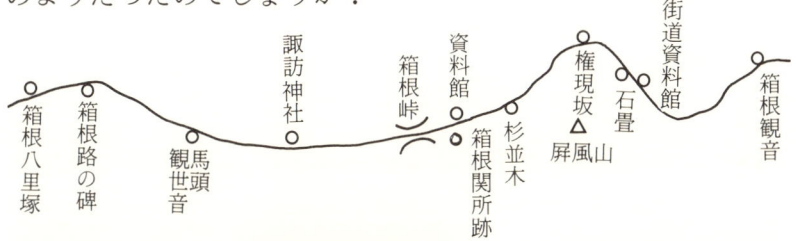

箱根関所跡

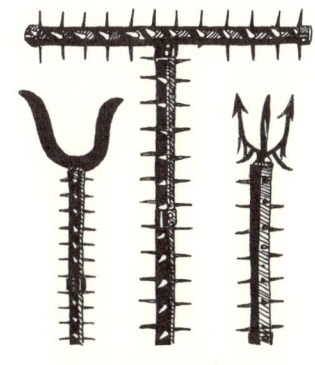

関所三ツ道具

解説と答

御番所平面図

江戸幕府が，国内の治安維持と幕府防衛のために，江戸へ通じる重要街道に設けた取調べ所が関所で，
① 武器が運び込まれない
② 江戸の下屋敷に住む大名の家族（人質的なもの）が脱出しない

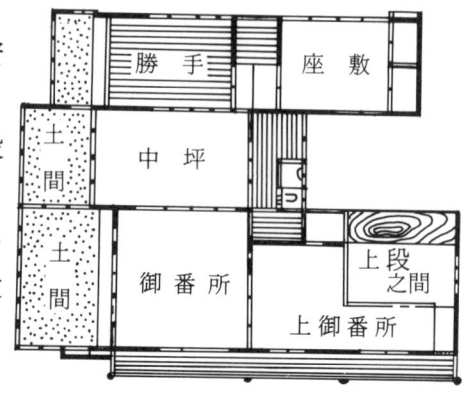

ことを厳重に取り調べましたが，そのことをいった言葉です。これは全国の大名たちの謀反(むほん)を防ぐのが最大の目的でした。

とりわけ，1619年(元和5年)に設けられた箱根の関所が有名で，その御番所の構造は上のようでした。(関所跡に建物が復元されています)

間取図，平面図，見取図など正しく描けるようにしましょう。

（余談） 〝街道と関所〟についてお話しましょう。

街道というのは，国中に通じる公道をいい，日本の古代は京都を中心に作られました。江戸時代に整備されたものは，江戸の日本橋を起点として，

東 海 道（五十三次）	江戸——京都…→大阪	
中 山 道（六十九次）	江戸——草津　木曽路	五街道
日光街道（二十一次）	江戸——日光	（本街道）
甲州街道（三十四次）	江戸——甲府…→下諏訪	
奥州街道（百十一次）	江戸——白河…→青森	

五街道から分岐する重要道を脇街道などと呼びました。

本街道は道中奉行が支配し，要所に関所が設けられ1里ごとに『一里塚』（P.128）がありました。

〔第7話〕 お月様のとし ——三島——

　箱根のつづら折りの山道を過ぎ，甘酒屋で休息したあと，三島の宿へ行くまでに，2人は何度も失敗を繰り返しています。

（その1）　大名の国から江戸入りの女中たちが来るのを見て，喜多さんは"白い手拭をかぶると，顔の色が白くなって大変な美男子になる"ということから，たもとからさらしの手拭をとり出して頬かぶりをした。そしてすれちがった女中たちが"うれしそうに笑った"と喜んだところ，弥次さんに，"それは手拭ではなく越中ふんどしだったから笑われたのさ"といわれてガッカリする。

（その2）　旅で知り合った十吉に，家のことを聞かれると，"私はとちめんや弥次郎兵衛といい，間口が25間（約45m），裏口が40間（約72m），かどやしきの土蔵造りだ"とデタラメをいう。（本当は借家住い）

（その3）　子どもがスッポンで遊んでいるのを見て，これを買い，三島の宿では，それをワラに包んで部屋の床の間に置いて寝たところ，スッポンがワラから出て寝ている弥次さんの指に食いつき大騒ぎになる。

（その4）　旅で知り合った十吉を信用しすぎ，2人の路金（旅費全額）を持ち去られてしまう。

　　問題　　弥次さんと女中お竹の会話

　竹　「わしらがよふなもなア，お江戸の衆にやァ，こっぱづかしくて，なにもかたるべいこたァござんなへもし。」

弥次「ナニ，はづかしいも気がつええ。おめへもふいくつだ。」

　竹　「わしやハァ，お月様のとしだよ。」

　さて，女中お竹さんは何歳でしょうか？

解説と答

　1文無しになった2人は飯も食えない気分でしたが，弥次さんが，府中まで行けば少しは金の工面ができるから，とはげまして出かけました。弥次さんが，

　　　ことわざの枯木に花さきもせで
　　　　　　　目をこすらするごまの灰かな

　"ごまの灰"とは道中のこそ泥のことですが，これと灰をまいて花を咲かせた花咲爺さんの童話とを結びつけたのです。
　すると喜多さんは，

　　　うき沈みある世は次第ふどう尊
　　　　　　　いのれるかひもなきごまの灰

　順序に一定の標準がないことを「次第不同」といいますが，これを「不動尊」にひっかけ，不動尊にごま（護摩）を焚き，お祈りするが，その甲斐もないということをいったものです。
　さて，問題の答ですが，
　♪お月様いくつ，十三　七つ。まだ年は若いな♬
　という童謡があり，これから　13＋7＝20　20歳ということです。
　お竹さん，いや作者十返舎一九はなかなかのシャレ者ですね。

（余談）　シャレ計算

　焼芋屋さんの中に，右のような幕を立てて売り歩いているのがありますね。「栗よりうまい」が9里＋4里と当てて和が13里というわけです。

〔第8話〕『塵劫記』じゃァうりましない ——吉原——

　1文無しの2人が，武士に喜多さんの『印伝の巾着』(印度から伝来のなめし皮の袋物)を300文(4500円)で売り，やっと安心します。そこでさっそく茶屋により，菓子を食べることにしました。小ぞうとのやりとりを聞いてみましょう。

喜多「小ぞう，このかしはいくらづつだ。」

小ぞう「アイ，二文づつ。」

弥次「五ツくったからいくらだ。」

小ぞう「わしはいくらだかしりましない。」

喜多「そんならこうと，五ツで二五の三文か。コレここにおくぞ。」(計算をごまかした。以下たびたびズルをする)

弥次「ヒヤァ，こいつはやすいもんだ。もふひとつくをふ。コリヤァいくらだ。」

小ぞう「そりゃあ三文。」

喜多「ドレドレ，うめへ。小ぞう。せんの銭はすんだぞ。あとのかしが四ツ食ったから，三四の七文五分か。エイッ五分はまけろ。」

弥次「イヤ，餅もあるな。」

喜多「ドレ，こいつはうめへ，この餅はいくらだよ。」

小ぞう「そりゃあ五文どりょ。」

喜多「五文づつなら，こうと，ふたりで六ツ食ったから五六の十五文。ソレ，やるぞ。」

小ぞう「イヤ，このしゅは　モウ塵劫記じゃァ売りましない。五文づつ，六ツくれなさろ。」

　__問題__　"塵劫記では売らない"というのはどういう意味でしょう。

解説と答

2人と小ぞうの話をもう少し続けると,質問の答がわかります。

喜多「ヤアヤア,銭があるかしらん。」

小ぞう「ここへ出しなさろ。一ツ,二ツ,三ツ,四ツ,……。」

　　　五文づつ,ひとつひとつにかぞえてめのこざんやうにひったくられ,

弥二「こいつは大わらひだ。」

喜多「とんだ目にあった。サァいかふ。」

と菓子屋をあとにします。

もうわかったと思いますが,『塵劫記』(P.55参照)では,初めに乗法九九が出てきますので,普通〝塵劫記で計算する〟ということは,掛算をすることを指します。

小ぞうは「掛算を知らないので,たし算でやってくれ」といったわけです。

上のめのこざんというのは『女の子算』と書き,昔のことですから,〝女子でもできる易しい計算〟という意味です。一方〝目のこ(目で見て暗算)でできる計算〟ともいわれています。

(**余談**) 元吉原を過ぎ,かしは橋というところが富士山の正面で,すそ野第1の絶景といわれています。弥次さんは,

餅の名のかしは橋とて
　旅人のあしをさすりて
　　　休みやすらん

そして吉原の宿に着きます。

〔第9話〕 高野六十の婆々 ——蒲原——

蒲原の宿で泊ることにした2人は，60余歳の父と17,8歳の娘の巡礼と一緒になり，喜多さんはこの娘にほれこみます。

夜になって男たちはいろりのある下の部屋で雑魚寝し，娘と宿のばばは2階に上って寝ることになりました。

皆が寝静まったころを見計らって喜多さんは2階に上り，娘のふとんにもぐり込もうとしますが，真暗やみのため，まちがってばばの方に入り，体をなでまわします。

ばばに「誰だ，何をする」と叫ばれ階段からころげ落ち，この音で目覚めた皆に気付かれてしまいます。

このとき竹造りの2階の床をブチ抜き，200文の弁償をとられました。ここで喜多さんが一首。

　　巡礼のむすめおもひしのびしは
　　　　　さてこそ高野六十の婆々

諺に〝高野六十那智八十〟というのがあります。高野山や那智山では年輩の高僧が多いため六十や八十の老年になっても小姓（役名）をさせられるという意味ですが，別の話に，高野紙は1帖が60枚，那智紙は80枚というところから出た，といいます。

数字の古字	
一	壱(壹)
二	弐(貳)
三	参(參)
四	肆
五	伍
六	陸
七	漆
八	捌
九	玖
十	拾
百	陌
千	阡

　__問題__　日本の社会では上のように数字の語呂を使って言葉の調子をよくし，またおぼえやすくするために，数字を当てたものが多いのです。いろいろ調べてみましょう。

解説と答

いろいろなタイプのものがたくさんあります。いくつか紹介しましょう。

数と野菜
- 一　ジク
- 二　ンジン
- 三　ンショウ
- 四　イタケ
- 五　ボ　ウ
- 六　カ　ゴ
- 七　ツ　メ
- 八ツガシラ
- 九ネンボ
- 十ガラシ

数と地名
- 一　の　宮
- 二　　　見
- 三　　　河
- 四　　　谷
- 五　　　島
- 六　波　羅
- 七里ヶ浜
- 八　王　子
- 九頭竜
- 十　　　勝

漢数字の隠語
- 一　大に人なし
- 二　天に人なし
- 三　王に中なし
- 四　罪に非なし
- 五　吾に口なし
- 六　宍に冠なし
- 七　切に刀なし
- 八　分に刀なし
- 九　仇に人なし
- 十　早に日なし

数と神仏
- 一には　伊勢の大神宮
- 二に　　日光の東照宮
- 三に　　讃岐の琴平様
- 四に　　信濃の善光寺
- 五に　　出雲の大社
- 六に　　六角堂の観音様
- 七つ　　成田の不動様
- 八　　　八幡の八幡様
- 九つ　　高野の弘法様
- 十で　　所の氏神様

月と誕生石，花暦
- 一月　ざくろ石　　　松
- 二月　紫水晶　　　　梅
- 三月　アクアマリン　桜
- 四月　ダイヤモンド　藤
- 五月　エメラルド　　あやめ
- 六月　真　珠　　　　ぼたん
- 七月　ルビー　　　　はぎ
- 八月　かんらん石　　山
- 九月　サファイヤ　　菊
- 十月　オパール　　　紅葉

（余談）数字を使った"**四文字熟語**"たとえば「一石二鳥」などを集めてみよう。

〔第10話〕 馬士(まご)と旅人の会話 ——江尻——

　『膝栗毛』には，落語に登場する話に似た会話がありました。
馬士「きんによう（昨日）うらが府中から江尻まで二百でのせた旦那(だんな)がお江戸衆でえい旦那よ。長沼までくるとその旦那がいふにやァ，江尻まで三百じゃァ安いから酒手を二百ましてやろふ。疲れたろふから代りに馬に乗れ，乗賃二百やろふ。江尻までくると，駄賃やろふとまた二百下さった。あんなえへ旦那はめったにやァ，いないもんだ。」
　馬に乗っていた旅人がこの話の途中から，大きなからニセイビキをかきました。馬士があぶない，と起こすと，
　旅人「馬がらちがあかぬ（ノロノロしてはかどらない）から，ねぶけが出た。きのふ三島から乗った馬はよい馬であった。そして馬士がとんだ気のよい男よ。三島から沼津へ百五十で値をして乗った。馬がはやいから駄賃はいらないと，酒代百五十くれた。沼津へくると，さきのしゅくまでおくってあげたいが，馬がはねるから駄賃百五十をあげようとくれた。あんな気のよい馬士もないもんだ。
　話の途中から馬士は歩きながらグウグウ，ムニャムニャ。
　こうした話を馬士から聞いた2人は，大いに受けて笑いました。そして，まもなく府中の宿に着きました。
　　問題　　馬士，旅人のどちらが多く金をもらったでしょうか。また，駄賃や酒手を，現在の金額に換算したとき，タクシー代，チップと比較してみましょう。

解説と答

では計算してみましょう。

馬士は旅人から、　はじめ　300文 ⎫
　　　　　　　　　酒手　　200文 ⎬ 合計
　　　　　　　　　乗賃　　200文 ⎪ 900文
　　　　　　　　　駄賃　　200文 ⎭

旅人は馬士から、　酒代　　150文 ⎫ 合計
　　　　　　　　　駄賃　　150文 ⎭ 300文

300文を馬士からもらったが、乗賃150文を払わないので実際は　450文

つまり、馬士は旅人から900文もらい、旅人の方は、450文もらったことになる。

さて、次は現代との比較ですが、

① 乗賃が府中から江尻まで200文というと1文＝15円なので3000円。現在タクシーを使ってもそんなものでしょう。

② 酒手が150文〜200文は、2250円〜3000円相当なのでちょっと高いかな、というところでしょう。タクシーなら気前のいい人でも「1000円札1枚」というところですからね。

（余談）　馬士について

古代から、商品、物資の輸送で馬は重要な役割を果しましたが、江戸時代になると街道も整備され、ますますこの輸送方法が発展しました。この馬で、駄馬、乗馬、伝馬の口をとる職業の者を馬子、馬方、馬ひきなどと呼びました。普通〝馬士〟という表現はあまり見ませんが、『膝栗毛』ではこれが用いられています。

〔第11話〕 川越人足のこと ——府中——

　府中は江戸から44里26丁，いまの静岡市であり，数々の話題や城跡，石碑などがあります。
○『膝栗毛』の作者，十返舎一九の出生地
○徳川家康の隠居城である駿府城
○幕府転覆を企てた由井正雪の墓址
○小判入り財布を拾い，落した旅人にとどけただけでなく，謝礼金を固辞した正直な川越人足（義夫）をたたえた安倍川義夫碑
○江戸無血開城について西郷・山岡が会談した会見之史跡碑
○名物〝安倍川餅〟の産地　　　　　　　　　などなど
　安倍川まで来た2人は，川越人足と次の会話をします。
川越「やすくやらずに，おたのん申します。」
喜多「いくらだ。」
川越「きんによう（昨日）の雨で水が高いから，ひとりまへ六十
　　　四文。」
喜多「そいつは高い。」
　ずるい人足はワザと深みを歩き酒手16文ずつを取り，帰りは浅いところを歩いていったので，2人を憤慨させました。
　問題　幕府は江戸防衛上，大きな川に橋をかけさせず，通行は人足の肩車か蓮台を使用させ，場所により舟も用いさせた。
　川については『流水算』というのがあります。知ってますか？

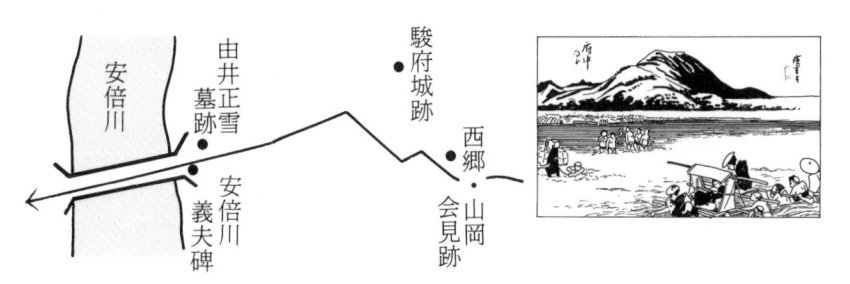

解説と答

川越の肩車賃が酒手もふくめて80文ずつ支払ったわけですが，80文というと，いまのお金で1200円です。やはり高いですね。着物を頭にのせ，人足のあとについて川を渡ればいいと思いますが，どうでしょう。

蓮台だと，おみこし(右の絵)のように4人の人足がかつぐのですから，4倍以上の運賃がとられたと思われます。

これはお金持ちが利用したわけです。

さて，『流水算』ですが，これは右下のようなタイプの問題をいいます。

案外に難問なので，解法をつけておきましたが，解法の基本的な考え方は，
(下りの速さ)＝(船の速さ)＋(川の速さ)
(上りの速さ)＝(船の速さ)－(川の速さ)
です。また，
(船の進む速さ)＝{(下りの速さ)＋(上りの速さ)}÷2
(川の流れの速さ)＝{(下りの速さ)－(上りの速さ)}÷2

(余談)『**塵劫記**』(P.55参照)に，俵算，鼠算などの言葉があります。

その後，植木算，仕事算，旅人算，時計算，通過算，年齢算，鶴亀算など〝○○算〟がたくさんでき，30以上のものがあります。

─(問題例)─
ある船頭は船をこぐ力は，1時間に16kmの速さです。この船頭がある川を33kmこぎ下るのに1時間半かかりました。では，この川をもとの所までこぎ上るのに，何時間かかりますか。

(解法)
33÷1.5＝22 …下りの時速
22－16＝6 ………川の流れ
16－6＝10……上りの時速
33÷10＝3.3　3.3時間

〔第12話〕 いっぺいおこはに……　──岡部・藤枝──

　江戸時代の東海道の道中はどんな風だったのでしょうか？
　『膝栗毛三編』は次のような書き出しで当時をうかがわせます。
　〝名にしおう遠江灘浪たいらかに，街道のなみ松（並木の松）枝をならさず，従来の旅人，互に道を譲り合い，泰平をうたふ。
　つづら馬（大名のつづらを運ぶ馬）の小室節ゆたかに，宿場人足その町場（縄張り）を争はず，雲助駄賃をゆすらずして，盲人おのづから独行し，女同士の道連れ，ぬけ参の童まで，盗賊，かどはかしの愁にあはず。かかる有難き御代にこそ，東西に走り南北に遊行する，雲水（遍歴する僧）のたのしみもいはれず。
　ここに，かの弥次郎兵衛，喜多八は，大井川の川支にて，岡部の宿に滞留……〟。
　とあるように，人通りは多く安全で平和だったようです。
　しかし，2人は途中で喧嘩した老人に食事をさそわれ，安心して3人で食べているうち，老人がドロンしてしまい，だまされて全額を支払うことになって大変くやしがるのです。
　旅人にわざと喧嘩をふっかけ，謝罪代りにオゴルかに見せて無銭飲食する常習者にひっかかったわけです。

　問題　壺を買いに行った人が，1升入りの壺を200文で買った。しばらくすると壺をもって戻り，「さっき200文を渡した。いまこの壺を返すと，壺が200文なので合計400文になるね。では，2升入りの壺をもらっていくよ。」と。？？？

解説と答

喜多「いっぺいおこはにかきゃァがったな。おつかけてぶちのめそふ。」

といって喜多さんが探しに茶屋をとび出しましたが、もう老人の姿は影も形もありません。

さて、喜多さんが怒っていった言葉はどんな意味でしょう。

「一ぱいくわせやがったな。追っかけてぶちのめそう。」

ということです。話の続きを聞いてみましょう。

喜多「弥次さん、どふもしれねへ。とんだ目にあった。」

弥次「しかたがねへ、手めへ払ひをしや。アノ親仁めがくやしんぼうで、手めへに意趣げへし(仕返し)をしたのだな。」

喜多「それでも、ナニおればかりかぶるもんだ。(五右衛門風呂をこわした2朱、2階の床をブチ抜いた200文の弁償金を払っている)いまいましい。せっかく酔った酒が、みんなさめてしまった。」

とはいうものの、身から出たサビで『膝栗毛』の物語では、道中で喜多さんがいつも問題を起こしています。

この辺で〝問題〟の答を考えてみましょう。

これは落語にも出てくる上手なダマシの話です。一度聞くともっともらしく思うのですが、初め200文しか持っていなかったので、どうやっても400文の壺が買えるはずはありません。

200文の壺を返したとき、お金も返せば、こんなめんどうなことになりません。これは数学上では「パラドクス」といわれる分野の問題です。(P.169, 170参照)

〔第13話〕 越すに越されぬ大井川 ——島田——

　藤枝の町はずれの茶屋で、老人に食い逃げされ、950文（1.5万円近く）も支払わされた喜多さんは苦笑しながら一首。
　　御馳走とおもひの外の始末(しまつ)にて
　　　　腹もふくれた頬(つら)もふくれた

　田舎者とあなどった老人に、見事復讐された2人は、半分笑い話として語り合いながら、大井川の手前の宿、島田に着きました。ここで有名な"ニセ侍事件"を起こします。

　人足が、「明方に雨が降り、水かさが増したので肩車では危い。2人で800文の蓮台(れんだい)でどうか」といってきます。

　これは高いと断り、別の川問屋へ行くのですが、その途中弥次さんが一計を案じ、"侍になる"といい出したのです。

　そこで喜多さんの脇差(わきざし)を借り、自分の脇差の鞘(きや)の袋を引き伸ばして長くし、一見"大小の刀"をさしたような姿になり、喜多を供の者に仕立てて川問屋に値段の交渉をしました。

　しかし相手が馬鹿にするので、「侍に向ってなんじゃ」と怒り出すと、「おまえの刀を見なさい。刀の折れたのをさす侍がどこにいる」と大笑いされます。見ると大刀の鞘の袋が柱で曲っています。

　問題　難所大井川も、現在では上流に10余のダムができ、中流では干上っているといいます。また、ダムができてから周辺の村に小地震が頻繁に起こるようになりました。その原因は何か。どうやって調べたらよいでしょうか。

大　井　川

解説と答

大井川の川越場所にあった建物（復元されている）は，
○川会所……川越の管理場所
○札　　場……人足が札をお金に換える所
○仲間の宿……年をとった人足の宿
○番　　宿…… 1～10番まであり，川越人足の宿
などです。川札の値段は，川の深さで異なり，
　深さが股までのときは48文（720円）
　深さが脇までのときは94文（1410円）
また方法は，肩車と蓮台によったといいます。
大井川が東海道第1の大河の上，明方の雨で水勢が速く，
　　蓮台にのりしはけつく地獄にて
　　　　　　おりたところがほんの極楽
と歌を作っています。
　この"越すに越されぬ大井川"とうたわれ，水量が多くて難所とされたところなのに，現在は下のような新聞記事が出るほどの，哀れな川になってしまいました。
　さて，ダムと地震の件ですが，その周辺の雨量，湿度，気圧，……，を数年にわたって調査記録したところ，地震のグラフとダムの水面のグラフとが大変類似していることを発見しました。
　ダムの水量がふえると岩盤に圧力がかかり，このエネルギーを発散するとき地震が起きる，という仮説が立てられました。

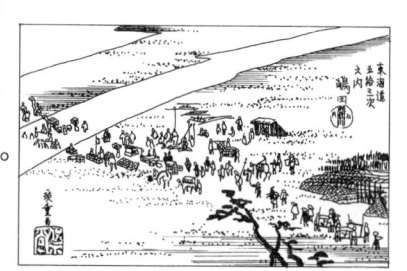

〔第14話〕 はなやの柳じゃァあるめへし ——日坂——

　大井川を渡ると金谷の宿。そこから，かご屋のすすめで喜多さんは次の日坂まで乗ることになります。途中，巡礼たちが，「かごの旦那壹文下さい」としつこくついてまわるので，

喜多「つくな，つくな。」

巡礼「御道中ごはんじやうの旦那，このなかへたった一文。」

喜多「エエ，つくなといふに，べらぼうめ。」

巡礼「それにべらぼうがいるもんか。そっちがべらぼうだ。」

喜多「コノ乞食めが。」

　と，りきむはづみにいかがしけん，かごのそこがすっぽりぬけて，喜多どっさりしりもちをつき……。

　といった事件がありました。やがて日坂の駅に着きます。

　……雨は次第につよくなりて，今はひと足もゆかれず。あたりも見へわかぬほど，しきりに降くらしければ，或旅籠屋の軒にたたずみ，

弥次「いまいましい。ごろてき（はげしく）にふるハ，ふるハ。」

喜多「はなやの柳じゃァあるめへし。いつまで人のかどにたつてもいられめへ。ナント弥次さん，大井川は越すし，もふての宿にとまろうじゃァねへか。」

弥次「ナニとんだことをいふ。まだ八ツ（午後2時）にやァなるめへ。いまから泊ってつまるものか。」

　<u>問題</u>　〝はなやの柳〟とは，昔花屋の看板として店先に柳を植えたことからでた言葉で，2人が宿屋の軒先きにぼんやり雨やどりしている姿を柳に見立てて喜多さんがいったのです。

　文章題は昔からできない子が多いので，〝「の」掛け，「が」割り〟という言葉が使われました。どんな意味でしょうか。

解説と答

　江戸ッ子は，シャレやジョーダンが大好きで，会話を言葉遊びしたものです。

　直接的なことはいわず，省略語，たとえ話で，また相手や自分を茶化して楽しんでいます。

　いまでも，落語や下町の年寄りの会話で聞くことができます。

　質問での話は，算数・数学での問題解法上の省略語です。

　文章題が解けない子どもが多いことに悩んだ頭のいい先生が，「文章題の文で"……の"とあったら掛算を，"……が"とあったら割算をしなさい。」と教えたわけです。

（例）　定価100円の2割引きはいくらでしょう。
$$100 \times (1-0.2) = 80 \quad 答 \quad 80円$$

（例）　欠席2人が欠席率5％に当たります。クラスの人数は？
$$2 \div 0.05 = 40 \quad 答 \quad 40人$$

　"「の」掛け，「が」割り"もおぼえやすくていいでしょう。

（余談） 江戸ッ子のシャレ言葉をいくつか紹介しましょう。

　ひとひねりしてあるので，よく意味を考えてください。

① キュースの口　　② ユデた卵　　③ あげ潮のごみ
④ 菜葉のこやし　　⑤ 梅干の種　　⑥ タコのふんどし
⑦ 羽織のひも　　　⑧ 内また膏薬（ごうやく）　　　（解答はP.188）

〔第15話〕 二一天作の八 ——見付——

　馬に乗って天竜へ向いながら，喜多さんが例の調子で馬方へ大風呂敷をひろげている。そんな会話を聞きましょう。

馬士「だんなア，お江戸はどこだなのし。」

喜多「江戸は本町。」

馬士「ハア，えいところだァ。わしらも若い時分，おとのさまについていきおったが，その本町といふところは，なんでもづないあきん人（大そうな商人）ばかしいるとこだァのし。」

喜多「ヲヲそれよ。おいらが内も，家内七，八十人ばかりのくらしだ。」

馬士「ソリャア御たいそふな。おかっさまが飯をたくも，たいていのこんではない。アノお江戸は，米がいくらしおります。」

喜多「マア一升二合，よい所で一合ぐらいよ。」

馬士「ソリャいくらに。」

喜多「しれた事，百にさ。」（米1升2合が銭百文の相場）

馬士「ハア本町のだんなが，米百づつ買しやるそふだ。」

喜多「ナニ，とんだことを。車で買込むハ。」

馬士「そんだら両にはいくらします。」

喜多「ナニ一両にか。アアこうと，二一天作の八だから，二五十，二八十六でふみつけられて，四五の廿で帯とかぬと見れば，むげんのかねの三斗八升七合五勺ばかりもしょふか。」

馬士「ハアなんだかお江戸の米屋はむつかしい。」

　問題　上の喜多さんのいった〝二一天作の八〟とは何のことでしょう。また，〝3斗8升7合5勺〟は米1升2合が銭百文の相場で一両買ったときの米の量ですが正しい答でしょうか？

解説と答

　ホラ吹き喜多さんは，ときどき無知なことをいって恥をかきますが，米の件でもボロを出します。

　ふつうの米の買い方は，
　①十俵をいくらで買う
　②一両の相場で買う
　③百文相場で買う

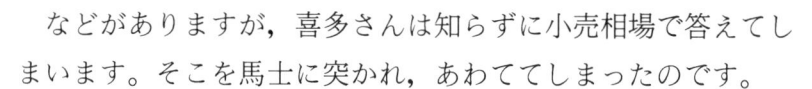

などがありますが，喜多さんは知らずに小売相場で答えてしまいます。そこを馬士に突かれ，あわててしまったのです。

　さて，ここで質問の答を考えましょう。

　まず，"二一天作の八"ですが，これは正しくは"二一天作の五"なのです。

　たびたび登場する江戸時代の和算の名著『塵劫記』には，上巻の初めに右のような形でとりあげられています。

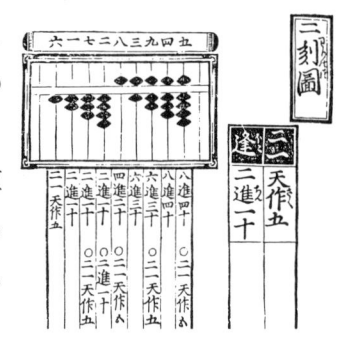

　このときの1は10で，"10÷2＝5"つまり10を2で割ったときの商は5（五ダマを下ろせの意味）で，珠算による除法九九の初めの記憶法。天作は中国では添作と書きます。

　喜多さんは，とぼけて，"二一天作の八"といったのです。

　また，3斗8升7合5勺は計算違いで正しくは1両に米4斗8升。

（余談）　そろばんの使用は，江戸初期に商人の間で商用計算上始まり，発達したものですが，商業活動が盛んになると子どもたちに，寺子屋で教えるようになり，広く使用されました。

〔第16話〕 ゆうれいとおもひしじゅばん —浜松—

　　　水上は雲より出て鱗ほどなみのさかまく天竜の川

　舟よりあがりて建場の町にいたる。此所は江戸へも六十里，京都へも六十里にて，ふりわけ（振分け）の所なれば，中の町（今の浜松市の一部）といへるよし。

　ということで，2人は天竜川を渡り，浜松へと向います。

　薬師新田を過ぎたころ，浜松の宿引きが近付いて，自分の宿に泊るよう迫ります。珍しく食物の話が登場するので，それを聞いてみましょう。（当時の食物がわかります）

　弥次「とまるから飯もくはせるか。」
　宿引き「あげませいで。」（あげないでどうしましょう）
　喜多「コレ菜は何をくはせる。」
　宿引き「ハイ当所の名物じねんじょ（山の芋）でもあげませう。」
　喜多「それが平か（平椀）。そればかりじゃァあるめへ。」
　宿引き「ハイそれにしいたけ，くわいのよふなものをあしらひまして。」
　喜多「しるがとうふに，こんにゃくのしらあへか。」

　こうした会話をしているうちに，浜松の宿に着きました。

　ところが夜中に小便に立った弥次さんは，暗やみの庭で女中がじゅばんをとりこんでいるのをユウレイと思い，大騒ぎして，あとで恥をかきます。

　　　ゆうれいとおもひの外にせんだくの
　　　　　　じゅばんののりがこわくおぼへた

　問題　数学の中にも，ゆうれいのようなものがあります。それはなんでしょうか？

解説と答

　数学の中には、"ゆうれい"のようなはっきりしない薄気味の悪いものがたくさんあります。

　本来は、学問の中で『数学』ほど明快なものはないのですが、理屈ではわかるけれど感情的にわからない、というものが多いのです。

「数学の中で……」といわなくても長年親しんでいる身近な"数"の中にいくらでも発見できます。

　まず第1が自然数1，2，3，……です。これには終りがありませんが、われわれの実生活では終りのないもの（無限）というものがありません。自然数の無限とはどういうものでしょう。

　"0"という数もゆうれいのようなものです。無いもの、見えないものに対して0という数記号だけが存在する、考えてみると不気味ではありませんか？

　"負の数"は6世紀頃インドで発見されていますが、長い間、「無いもの（0）より小さい数」という、得体(えたい)の知れない、つかみどころのない数でした。これは、17世紀のデカルトが数直線上に示して、"数"とみなされるようになりました。

　もっとわからないのが高Ⅰで学ぶ"虚数"です。$\sqrt{-1}=i$ で示す数ですが、2乗してマイナスになる数だなんて不気味でしょう。

> $\sqrt{4}=2$, $\sqrt{9}=3$
> ですが、$\sqrt{-4}$, $\sqrt{-9}$は
> $\sqrt{-4}=\sqrt{4}\cdot\sqrt{-1}=2i$
> $\sqrt{-9}=\sqrt{9}\cdot\sqrt{-1}=3i$
> と書き表します。

（余談） 虚数には大小がありません。
　　　　（P.189に証明があります。）

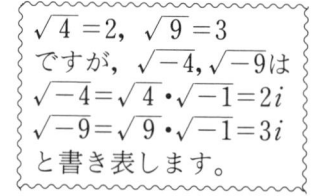

〔第17話〕 乗合船にうちのる ——舞坂・新居——

　舞坂から新居までは，浜名湖上の1里を乗合船で渡ることになります。

　この旅で，乗合船は初めてですね。

　船賃は，1人いくらではなく，1艘（そう）いくらで，その船に乗る人の数で割りますが，だいたい400文ぐらいでした。

　現在でいうと6000円ぐらいですから，ずいぶん高いですね。

　夕方七ツ（午後4時）以降は船を出さないといいます。

　乗合船の弥次，喜多の2人は相変らず問題を起こし，珍道中を飾ります。

　乗合船の中に，50歳位でひげづらの男が，しきりにいねむりの人の膝の下を探り，ものを探しているようすでしたが，やがて弥次さんのそでの下へも手を出してきました。

　弥次さんが「お前，何をやっているのか，無くなったものがあったら，人にことわってから探せ」というと，「実は蛇が一匹なくなった」と。そこで船中大騒ぎになります。

　やがて蛇が見つかり，弥次さんが「海へ捨てろ」というと，「この蛇を使って見世物をし，一文ずつもらっているので商売の種だから駄目だ」といいます。喜多さんは自分の脇差で蛇の頭を押さえ，海に捨てたとき一緒に脇差も投げ捨ててしまいます。ところが竹光なので刀がプカプカ浮き，皆に笑われます。

　問題　2人は道中を脇差を差して旅をしますが，本物では重いので，竹製のニセ物をもち歩いています。さて，数学上での"竹光"にどんなものがあるでしょうか。

解説と答

乗合いの衆「アア，これでおちついた。しかし，おきのどくなことは，あなたのおこしのものだ。」

蛇のおやじ「わしはこのとしになるが，わきざしのながれるのを，はじめて見申た。」

喜多「エエ，けつのあなの，せめへことをいふおやじめだ。おうしうのころも川で，弁慶がたちおうじゃうしたときゃァ，太刀もよろひも，ながれたといふことだ。」

蛇のおやじ「ハハハ，こりァ，よこっぱらがいたくなり申すハ。」

　こんな口喧嘩をしているうちに，船が新居の浜に着き，近くの関所（家康が作った今切の関所。現在，重要文化財）を通り過ぎ，乗合いの人たちは散っていきます。

　2人は，「腰のもののながれたるは，前代未聞(みもん)のはなしのたね」と笑いながら，

　　　　竹べらをすててしまひし男ぶり
　　　　　　　ごくつぶしとはもふいはれまい

と一首。この意味は，飯粒をねって糊をつくる道具の竹べらのような竹光の刀を捨てた男だから，もう穀つぶしなどと人から軽蔑されないだろう，というものです。

　さて，数学の中の"竹光"というと，ちょっと話がオーバーになりますが，こんな例をあげることにします。（～～が竹光）

〔**自然数**〕正の整数　〔**方形**〕正方形　〔**円柱**〕直円柱
　　　↓　　　　　　　　　↓　　　　　　　　↓
　　　負の整数　　　　　長方形　　　　　　斜円柱

（**余談**）　線分の内分に対して，日常では考えられない外分というのがあります。

〔第18話〕 猿丸太夫さまが御酒を下さる ——白須賀——

　2人はこれまで，馬，肩車，蓮台，船そしてかごに乗りましたが，ここで初めて蒲団を敷いた高級なかごで白須賀の手前から二川までへと行きます。

　白須賀宿を出て，汐見坂にさしかかると，北は山続き，南は美しい海で大変な絶景です。ここで喜多さんが一首。
　　　　風景に愛敬ありてしをらしや
　　　　　　　　女が目もとの汐見坂には

先棒「ハア，旦那はえらい歌人じゃな。アレ向ふの山を見さしやりまし。鹿がいおりますハ。」

喜多「ドレドレ。是はおもしろい。」

先棒「えどの旦那方は，あんなおもしろふもないちくせう（畜生）めを，めづらしがらしゃって，きんによう（昨日）も発句とやらを，いわっしゃれたお人があった。」

喜多「おれも今の鹿で一首よんだ。貴さまたちにいってきかせたとつて，馬の耳に風だろふが，こういふ歌だ。
　　　おく山に紅葉ふみわけなく鹿の
　　　　　　　　聲きく時ぞ秋はかなしき
なんと奇妙か。」

　喜多さんはかごかきにほめられ，得意になり，茶屋でご馳走をします。彼らは上の歌が百人一首猿丸太夫の作であることを知りながら，おだててもちあげておごらせたのでした。

　問題　かごかきが一枚うわてで馬鹿にしているのに，「知らぬが仏」で，喜多さんはよい機嫌です。「知らぬが仏」の数学とは？

解説と答

　ほかのかご屋も招いてごちそうした酒とさかなの代金は380文でした。一応見栄を張って代金を喜多さんが支払います。
　あのケチな喜多さんが，いくらほめられ，おだてられたといっても，そう簡単におごったりするはずはありません。実は，かごに座ろうとしたとき，前のお客の忘れ物，四文銭1本（銭ざし1本のことで400文）が蒲圃の上にあり，それをこっそりふところに入れていたからです。
　400文といえば6000円ですから，大金ですね。
　このふところにかくしたところも，かごかきに見られていたのですから，喜多さんは相当なドジです。
　境川を渡ってまもなく二川の宿に着きました。
　さて問題の件ですが，「知らぬが仏」ピタリの数学内容はありませんが，なまじ少しルール知っていたばかりに，まちがいに気付かず「知らぬが仏」で恥をかく，といった例はあります。
　どんなものでしょうか。下の例で考えてみてください。

（例1）　分数の加法計算と乗法計算

$\dfrac{2}{7}+\dfrac{3}{7}=\dfrac{2+3}{7}=\dfrac{5}{7}$ だからといって $\dfrac{2}{7}\times\dfrac{3}{7}=\dfrac{2\times 3}{7}$ とする？

（例2）　小数の除法の余りと小数同士の余り

$$\begin{array}{r}4.5\\13\overline{)58.7}\\52\\\hline 6\,7\\6\,5\\\hline 0\,2\end{array}$$ だからといって $$\begin{array}{r}4.5\\1.3\overline{)5.8.7}\\5\,2\\\hline 6\,7\\6\,5\\\hline 0\,2\end{array}$$ とする？

（解答はP.189）

〔第19話〕 坊主持(もち)にしょふじゃァねへか ——御油——

　げにも旅のきさんじは，差合(さしあい)くらず（どこからも故障をいわれない）高声にはなしものしてゆく内にも，さすがに退屈のあくびしながら，

喜多「アア，くたびれた。ちっとばかりの風呂敷包みや紙合羽(がっぱ)も，なかな邪魔になるものだ。コウ弥次さん，おめへの荷と，わっちが荷を，一所にして，坊主持（下で説明する）にしよふじゃァねへか。」

弥次「コリャァおもしろへ。さいわいここにいい竹が捨ててある。」

　ひろひとりて，ふたりの荷物を竹のさきにくくりつけて，

弥次「サアサア喜多，てめへからもってこい。」

喜多「としやく（年上）に，おめへはじめさっせへ。」

弥次「そんなら狐けん（ジャンケンの１種）でやろふ。サアこい。ヒィフウミィ。おっとしめた。」

喜多「エエ，いめへましい。」

　ということで，喜多さんが最初に荷物をかつぎました。

　<u>問題</u>　小・中学生の下校の様子を見ていると，数人でふざけながら，１人にみんなの鞄(かばん)を持たせ，電信柱や向うからくる人とすれちがうたびに，順に鞄を持つ人を替えていく，という遊びをやっていることがあります。

　上の〝坊主持〟はそれの古典版で，坊主に会うたびに，荷物を交互に持ち合うゲームです。

　弥次さん，喜多さんは遊び好きなので，坊主持や狐けんなどして楽しんだのです。両方とも確率の問題になりますが，〝狐けん〟とはどんなジャンケンでしょうか。

解説と答

かつて御油の宿は，姫街道との分岐点で，追分けの宿として大変繁栄したといいます。

東海道線が通る計画があったのに，それに反対したため発展から取り残されて現在は寂しい古い町となっています。

かつては本陣4軒，旅館62軒があったといい，明治維新後は郡の中心地として重要な役割を果してきました。

国の天然記念物になっている松並木が見事です。

さて，"狐けん"ですが，これはいまでも地方で保存され，テレビで紹介されたりする有名なものです。

2人でやるジャンケン競技で，

狐　——両手を頭のそばに上げて耳の形とし，狐を表す。
庄屋　——両手を膝の上に置き，町の有力者の風格を出す。
鉄砲　——両手をそろえて前に出し鉄砲（猟師）を示す。

狐は庄屋をダマスので勝，庄屋は猟師より身分が上なので勝，猟師は狐を撃つので勝，ということで,「グー，チョキ，パァー」と同じ"三スクミ"になっています。

（余談）　インドネシアのジャンケンは右のように小指(蟻),親指(象),人さし指(人間)です。

〔第20話〕 馬糞がくらはれるものか ——赤坂——

　御油の次の宿，赤坂までもう少しというところの茶屋で，疲れた弥次さんが１人で腰かけていると，
　ばば「このさきの松原へは，悪い狐が出おって，旅人衆がよく化され申すハ。」
　弥次「そりゃァ気のねへ（気の進まない）話だ。しかし，ここへ泊りたくも，つれがさきへいったからしかたがねへ。やらかしてくれふ。アイおせは。」
　と茶代を払って，人気も少なく淋しい松原へと歩いていく。一方，先に行った喜多さんは１人でいると狐に化かされると思い，土手に腰をかけ煙草をすって弥次さんを待っています。
　喜多「オイオイ，弥次さんか。」
　弥次「オヤ，手めへなぜここにいる。」
　喜多「やどとりにさきへいかふとおもったが，ここへはわりい狐が出るといふことだから，一所にいかふとおもって待合せた。」
　（しかし，弥次さんは，喜多さんを狐が化けたと思っている）
　弥次「くそをくらへ。そんなでいくのじゃァねへハ。」（そんな手でだまされる俺ではないわ。）
　喜多「オヤ，おめへなにをいふ。そして腹がへったろふ。餅を買って来たからくひなせへ。」
　弥次「ばかアぬかせ。馬糞がくらはれるものか。」

　<u>問題</u>　人をダマス数学があります。その名はパラドクス。右もその１つですが，どこでだまされたのでしょうか？

　方程式　$3x-3=2x-2$
　　　　　$3(x-1)=2(x-1)$
　両辺を$(x-1)$で割ると
　　　　$\therefore\ 3=2$

解説と答

弥次さんは、狐と思った喜多さんを、どうやって"本物の喜多さんだナ"と思うようになったのでしょうか？

疑っている相手を180°転換して信用するということは並大抵なことではありませんね。

弥次さんは「あそこに犬がいる。シシシ、シシシ。」と犬をけしかける声を出しましたが、狐と思った喜多さんが少しもこわがらないので、これは本物の喜多さんだ、と信じたわけです。

さて、前ページの数学の"だまし犯人"を探すことにしましょう。

右はふつうに解いたものです。

xの値は1なんですね。ということは $x-1=0$ です。

$$3x-3=2x-2$$
移項して
$$3x-2x=-2+3$$
$$x=1$$

数の世界では"0で割ること"はできません。前ページの解法では0で割ったので、おかしな結果が出てしまったのです。

上の図を見てください。図形のダマシ問題です。

2枚の硬貨のうち1枚を固定し、もう1枚をすべらないようにして固定した硬貨の周を、ちょうど反対側まで回転したとき、はじめの硬貨は、次のどれでしょうか？

(1) 正しい向き　(2) 横向き　(3) さかさ向き（解答はP.189）

（余談） 大きな石をコロで運んでいます。コロの丸太の周が1mのとき、コロが1回転すると石は何m進むでしょうか。（解答はP.189）

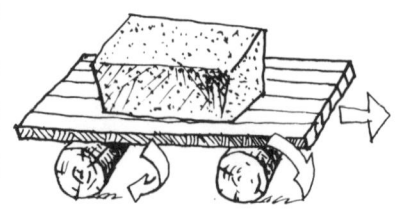

〔第21話〕 おめへ一生の出来だぜ ——岡崎——

　藤川を過ぎて間もなく喜多さんが腹痛におそわれ，お茶屋の雪隠(便所)を借ります。用を足して前の家を見ると，18，9歳の美人の娘が1人でいます。女好きの喜多さんはその家に入って悪さをしはじめたとき，その父親が出てきて，大変怒ります。この娘が精神異常(狂人)だったのでからかわれ，馬鹿にされたことに一層腹を立てたようです。

　この騒ぎを聞き，弥次さんがでてきて，機転をきかせ父親に，「この人も狂人なのでかんべんしてくれ」とあやまり許してもらいます。このあと歩きながら，弥次さんは江戸の町名を入れて，

弥次「ヤイ，このやろうめは，人のうちへことわりなしに牛込み(押込み)ヤァがって，むすめをちょろまかそふとか。ソリヤァ赤坂ベイ(あかんべえ)だはへといふと，手めへもまけぬ気になり，イヤうぬ，なんだ，くちばしをとんがらかして，四ツ谷鳶(四谷で作り出された鳶凧)のよふだとちゃかすと，さきのおやぢが，ヲ，おれが四ッ谷鳶なりやァ，うぬは八幡様の鳩だといふ。……ハテきさまはきちげへの豆をくをふとしたじゃァねへかと。ハハハハ……。」

喜多「なんだ。市谷(いちげへ)の地口はおそれる。ハハ……。」

　問題　こうした語呂合せは数学でも使われています。円周率3.141592……はどうやっておぼえますか？

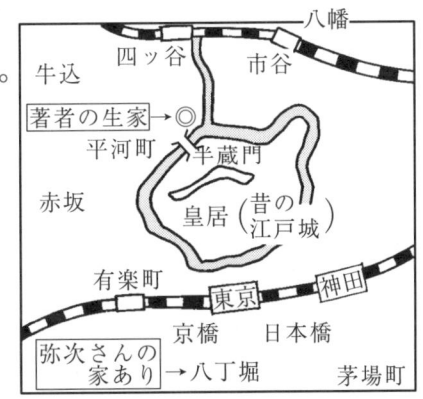

解説と答

危機をすくってもらった喜多さんは，

「へへめんぼく次第もねへ。しかしわっちまでをきちげへとは，弥次さん，ありゃァおめへ一生の出来だぜ。」

と大変感謝するわけです。

ところで，江戸の町名を語呂合せにして文句をいうなんてなかなかシャレていますね。オミゴト！　というところです。

著者は，前ページの地図を描きながら，弥次さん，喜多さんに一層親しみをおぼえました。

地図で，平河町は私の生地，神田は旧制中学時代に通った明大附属中学のあるところ，茅場町(かやば)は初めて教師として勤務した都立紅葉川高校（当時女学校）があるところというなつかしい一帯です。あの2人が200年程前に，江戸城の付近を歩き回っていたことを想像すると楽しくもなります。

いまからさらに200年経たらどんなふうになるでしょうか。

本書『東海道五十三次で数学しよう』を誰かが読み，東京のこれらの町を歩いているかも知れませんね。

私事はこの辺で止めて，問題の答にまいりましょう。

日本では $\begin{pmatrix} 産 & 医師 & 異国 & に & 向こう & 産後 & 厄 & なく \\ 3. & 1\ 4 & 1 5 9 & 2 & 6 5 & 3 5 & 8 9 & 7 9 \end{pmatrix}$

欧米では　文字の字数でおぼえます。

$\begin{pmatrix} \text{yes,} & \text{I} & \text{know} & \text{a} & \text{number} \\ 3. & 1 & 4 & 1 & 6 \end{pmatrix}$

（余談）　平方根のおぼえ方は有名です。

右の $\sqrt{2}$，$\sqrt{3}$ のおぼえ方を語呂で工夫してみましょう。（解答はP.190）

$\sqrt{2} = 1.41421356\cdots\cdots$
$\sqrt{3} = 1.7320508\cdots\cdots$
$\sqrt{4} = 2$

[第22話] やみげんこ ——宮——

かご「これから2里半の長丁場じゃ。安うしてめさぬかい。」
弥次「イヤ，かごは入らぬ。」
かご「あとのおやかた，旦那をのせもふして下んせ。戻りじゃ。」
喜多「旦那は，おひろいがおすきだ。」
かご「そふいはずと，モシ旦那，安すうしてやらまいかいな。」
弥次「やすくてはいやだ。高くやるならのりやせう。」
かご「そしたら，高うして三百いただきましょかいな。」
弥次「いやだいやだ。もちっと高くやらねへか。」
かご「ハアまんだやすいなら，やみげんこ（350文）で。」
弥次「一貫五百ばかりなら，のってやろふか。」
かご「エエめっそふな。わし共も商売冥利，そないにやっと（たくさん）はいただかれませぬ。せめて五百でめしてくださんせんかい。」
弥次「それでも安いからいやだ。」

　という具合でいつまでも値段の交渉が続くのですが，料金を値切るのならわかりますが，高く支払うというのがわかりません。実は弥次さんが，かご屋をカラカっているので，「1貫500払うから，かご屋はわしに1貫450の酒手を払え。残りの50文がかご賃になるがいいか」というのです。

　弥次さんも相当に人をからかう人間ですね。そして一首。
　　　たび人をのせるつもりでかごかきの
　　　　　　高い値段にかつがれにけり

　__問題__　各種の商売で，それぞれ独特の符丁，暗号があります。かご屋の符丁〝やみげんこ〟は何からきたものでしょうか。

解説と答

宮から桑名までの海上7里（約28km）は〝七里の渡し〟と呼ばれ渡船場跡に，常夜灯が復元されています。

四日市へ渡るものに〝十里の渡し〟がありました。こうした船場として栄えたので，最盛期には250軒余の宿屋が並んでいたといいます。

宮──桑名の所要時間はおよそ4時間で船賃は30文ぐらいのようでした。

宮の名は熱田宮があったからです。

常夜灯

さて，〝やみげんこ〟のやみは「三十日は闇」から出た語で三，三十，三百を指します。また，げんこは五指であることから五，五十などをいいました。そこで〝やみげんこ〟は350文を意味したわけです。

ここでいくつか有名な商売の符丁を紹介しましょう。

	1	2	3	4	5	6	7	8	9	10
東京魚河岸（うおがし）	ちょん	のつ	げたつ	だり	め	ろんじ	せいなし	ばんど	きわ	ぴん
東京青物市場	そく	ぶり	きり	だり	がれん	ろんじ	さいなんよ	ばんとうやま	きわ	そく
材木商	ほん	ろ	つ	そ	れ		た		き	

（**余談**）煙草は，1から順に「つるかけまいあそぶ」。古着は，「ふくはきたりめでたや」です。上のものにくらべるとずいぶんおぼえやすいですね。

〔第23話〕 くしゃみから長郎だ ——四日市——

　やうやうと東海道もこれからは
　　　　　　はなのみやこへ四日市なり

　四日市の宿から京都まで26里ですから4日の行程です。そうしたことから四日市にひっかけた歌です。弥次，喜多2人は，あとひと息ということで，桑名を朝早く旅立ち，その四日市へと向いました。

　途中，男女大勢がここかしこに集っているので何事かと町の人に聞くと，天蓋寺（てんがい）の蛸薬師（たこ）様が桑名へ開帳のためここを通るのだ，といいます。ここでまたまた，コッケイなことが起こるのです。

　乗物をおろし，若党が戸を開けるとユデ蛸（だこ）のような赤ら顔で大あばた，ひげづら，その上もっともらしい顔の和尚（おしょう）が出てきました。

　和尚「なむあみ。」　信者「なむあみ。」

　だんだんとなえ，十念のしまいに和尚の鼻がむづむづし，

　和尚「ハァくっしゃみ。」　信者「ハァくっしゃみ。」

　和尚小声で「くそをくらへ。」（チキショウメの意味）

　信者「くそをくらへ。」

　弥次「ハハハ…，とんだお十念だ。アノ和尚は，くっしゃみから長郎だ。」（修業未熟な小僧を沙弥（しゃみ）という。沙弥から一足とびに長老になれないという諺のもじり）

　問題　意味も考えず和尚のいう通りオウム返しに信者たちがとなえるところは落語の世界ですね。"沙弥から長老"の例を数学から探してみましょう。

解説と答

"お十念"というのは，浄土宗で，南無阿弥陀仏を10遍授けて（10回いって）結縁させることだそうです。

2人はまもなく追分に来ますが，ここには名物のまんじゅうが売られています。

創業1550年，つまり，450年ののれんを誇る笹井屋という店がそれですが，後に大名になった藤堂高虎がまだ足軽の頃，ここで餅を食い，青雲の志をもって出かけたといいます。出世して伊勢津の大名になってからは，参勤交代で江戸との往復のときは，必ず寄って食べたと伝えられています。

さて"沙弥から長老"の意味をもつものを，まず日常の例から考えてみましょう。

（例1） ピンからキリまで
（例2） 千里の道も一歩より（江戸より京まで）
（例3） 上り大名下り乞食
（例4） 塵も積もれば山となる
（例5） 幼稚園から大学院まで　　　　　　など。

では，次に数学の例ですが，どうでしょう。

○1から10まで
○自然数から複素数まで
○一次元からn次元まで
○確率0から1まで

数の種類: 複素数 — 実数 — 有理数 — 整数 — 自然数

（余談）「○から○まで」というときには順序と包含の関係とがあります。

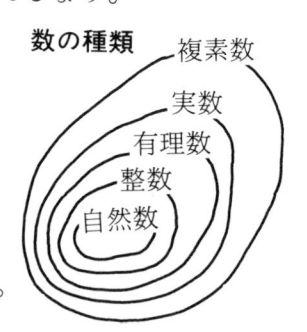

〔第24話〕 わっちゃァ，十返舎一九 ——関——

　関の町は，宿場の入口に東海道と伊勢路との分岐点，つまり追分があります。それだけに往時は繁栄した町だったようです。

　この町では2人の小万（女性）の話が有名ですが，それはあとで述べることにします。

　『膝栗毛』での主役弥次さん，喜多さんは，関から東海道ではなく伊勢路を選び，お伊勢参りをし，そのあと伊勢から伏見を経て京都に行きます。

　そんな関係で，東海道の関から先の6つの宿について紹介することができません。

　関と伊勢の中間地の上野近くで人に声をかけられます。

知らぬ男「わたくしは白子のさきから，あなた方のおあとについてさんじたが，みちみちの御狂詠を承りまして，およばずながら感心いたしました。おもしろいことでござります。」

弥次「ナニサみな出ほうだいでござりやす。」

知らぬ男「イヤおどろき入ました。先達てお江戸の尚左堂俊満先生（浮世絵，狂歌の名人）など，当地へおいででござりました。」

弥次「ハア，なるほど。さやうさやう。」

知らぬ男「あなたの御狂名は。」

弥次「わっちゃア，十返舎一九と申やす。」

知らぬ男「ハハア御高名うけたまはりおよびました。」

　<u>問題</u>　著者が，自分の本に自分を登場させるのはおもしろいですね。数学で自分自身を含んでいる例をあげましょう。

解説と答

『膝栗毛』では,宿のばば,女中,女郎,茶店の女,巡礼の娘,さらには精神異常の娘など,女性が登場しました。

この関の宿の女2人の小万には次のような話があります。

その1つは「小万 凭(もたれ)松」の碑にある仇討小万です。

元禄年間に,一人の久留米藩士が殺され,その妻が仇討のため,この関宿まで来たところ,宿屋で女の子を生んだあと死んでしまいました。宿の主人はこの子を小万と名付け,養女として育てましたが,小万は母の遺志を継ぐため,亀山藩の侍に剣術を学び,18歳のとき本懐をとげました。この間,朝夕この松に凭れ思いにふけったといい,松の側に碑が立てられました。

もう1つは「関の出女小万」と呼ばれるもので,

　　　与作思えば照る日も曇る

　　　　　関の小万が涙雨

と歌われた,美男の馬方与作との恋仲物語です。

さて,話は一転しますが,十返舎一九という作家は大変ユーモラスで明るく,ちょっと下品な会話を好むけれど,なかなかの読書家ですが,最後の方で自分を登場させるのはおもしろいですね。この会話のあとの方で,喜多の自己紹介があります。

喜多「わたくしは,十返舎の秘蔵弟子,一片舎南鐐(なんりょう)と申ます。」

(南鐐は2朱銀のことで,これ1枚を1片といったことのシャレ)

では,自分自身を含む数学の例をあげましょう。分類です。

$$\text{直線} \begin{cases} \text{直線} \\ \text{半直線} \\ \text{線分} \end{cases} \quad \text{平方四辺形} \begin{cases} \text{平行四辺形} \\ \text{長方形} \\ \text{ひし形} \end{cases} \rightarrow \text{正方形} \quad \text{分数} \begin{cases} \text{(真)分数} \\ \text{仮分数} \\ \text{帯分数} \end{cases}$$

〔第25話〕 被(かつぎ)の御所女中にかつがれる ―三条大橋―

喜多「ヒャア,ヒャア,いきた女がくる。きれいきれい。」
弥次「じゃうだんな女どもだ。みんな着物をかぶっているハ。」
喜多「あれが被(かつぎ)(人に顔を見られないようにひとえの小袖を
　　　かぶって歩く,上流社会の女の風俗)といふものだの。ア
　　　ノうつくしいやつと,おれがものをいって見せよふか。」
　やがてかの女中のそばへはしり行て,
喜多「モシ,ちとものがおたづね申たい。これから三条へはど
　　　ふまいりやすね。」
　と聞くと,この女中,御所がた(京都御所に勤める人)と見
へて,とんだおうへい(ごうまん)に,
女中「わが身三条へゆきやるなら,この通りをさがりやると,
　　　石垣(四条大橋付近)といふ所へ出やるほどに,それを
　　　ひだりへゆきやると,ツイ三条の橋じゃはな。」
　いったい御所がたの女中は,人を何ともおもはず,ちときい
たふう(なまいき)の男と見ると,わるくひやかすふうゆへ,
五条のはしを三条とおしゆる。

　__問題__　京都の町で,場所を探すのは大変わかりやすいとい
います。それはなぜでしょうか。

三条大橋

解説と答

江戸時代では，政治の中心は江戸にあっても，文化の中心は京都であるため，京都人，とりわけ御所に勤める人間から見れば，江戸の町人など身分の低いオノボリさんだったのでしょう。

「生(なま)いきに私に声をかけて。」

そんな気持ちで，軽蔑とからかいでうそを教えたわけです。

京都の地図

（二条城，二条通，二条大橋，本能寺★，三条通，三条大橋，千本通，堀川通，烏丸通，河原町通，川端通，四条通，四条大橋，五条通，五条大橋，西本願寺，東本願寺，風俗博物館，鴨川）

上の地図でわかるように，五条の大橋（牛若丸と弁慶が闘ったところ）と三条の大橋（東海道の終点）とは離れています。

さて，質問の件ですが，京都，奈良そして札幌の町は，都市計画が整然とできて，道路が碁盤の目のようであるのが特徴です。（上図で，本能寺の近くがソロバン塾発祥地★）

これだと，数学のグラフである点の座標を述べると同じように，ある地点を正確に教えることができます。

碁盤の目の街路を，
○北に向って歩くのを「上ル(あが)」
○南に向って歩くのを「下ル(さが)」
といいます。

これは御所(内裏(だいり))が北にあったからです。

（余談） 京都（平安京）は794年，中国の都制をまねて造られた計画都市で1869年（明治2年）までの約1100年間わが国の首都でした。

〝できるかな？〟などの解答

1 「ヒ・フ・ミ」と「イチ・ニ・サン」 （22ページ）

（質問1） はじめは〝一一〟としていたが，そのうち計算専門家が発生し，彼らが自分の仕事を守るため，九九からおぼえるようにして難しくし，一般の人が計算をできにくくした，という説が強い。

（質問2） ①ニャニャニャで猫の日 ②ゴミ０の日から掃除の日 ③露天風呂の日 ④納豆(なっとう)の日 ⑤パチパチでソロバンの日（八からヒゲの日，パパイヤの日） ⑥薬(やく)の日，ハクから掃除の日。いやどれでもない著者の誕生日 ⑦いわし（鰯）の日 ⑧ワンワンワンで犬の日 ⑨いいトイレ，でトイレの日

2 奈良・平安時代の数学 （49ページ）

（話題1）

民族＼数字	1	2	3	4	5	……	10
シュメール（バビロニア）	˅	˅˅	˅˅˅	˅˅˅˅	˅˅˅˅˅	……	◅
エジプト	|	||	|||	||||	|||||	……	∩
ギリシア	Ι	ΙΙ	ΙΙΙ	ΙΙΙΙ	Γ	……	△
ローマ	I	II	III	IV	V	……	X

（話題2） この4枚のカードの各"えと"は，「ね」から「い」までを1～12と番号付けをしこの10進数を右のように2進数になおす。

次に2進数で 2^0 の桁が1のものを集めてカードⅠとする。

これには，

ね, とら, たつ, うま, さる, いぬ,

の6つのえとが入る。

同じようにしてⅡ～Ⅳのカードを作る。

えと	10進数	2進数
ね	1	1
うし	2	1 0
とら	3	1 1
う	4	1 0 0
たつ	5	1 0 1
み	6	1 1 0
うま	7	1 1 1
ひつじ	8	1 0 0 0
さる	9	1 0 0 1
とり	10	1 0 1 0
いぬ	11	1 0 1 1
い	12	1 1 0 0

↓ ↓ ↓ ↓
カード Ⅳ カード Ⅲ カード Ⅱ カード Ⅰ
2^3 2^2 2^1 2^0

（話題3） 容積を求めると，

古枡　$50^2 \times 25 = 62500$

京枡　$49^2 \times 27 = 64827$

　　よって

$64827 - 62500 = 2327$

$2327 \times 40 = 93080$（立方分）

1000立方分＝1立方寸なので，約9.3立方寸

これは約1.5升に相当する。これほどちがうと農民たちも枡の大きさちがいに気付いたという。

3　和算と『塵劫記』　（64ページ）

ソロバンで割算を行うには，割算九九をおぼえておかなければならない。この割算九九は"二一天作の五"という二の段から始まって九の段で終るので，この間8つの段があることから"八算"ともよんだ。

"できるかな？"などの解答

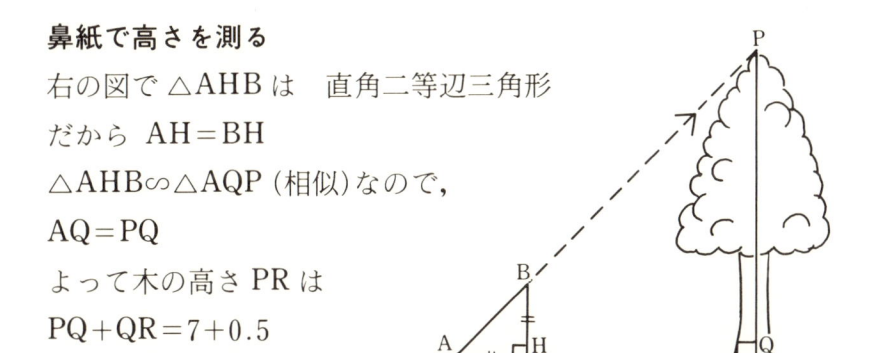

鼻紙で高さを測る

右の図で △AHB は 直角二等辺三角形
だから AH＝BH
△AHB∽△AQP (相似)なので，
AQ＝PQ
よって木の高さ PR は
PQ＋QR＝7＋0.5
　　　　＝7.5（間）

4 算聖"関孝和"と門弟たち （75, 80ページ）

数列（P.75）

種類＼段	1	2	③	4	5	6	7	⑧	9	10	⑪
平方冪	1	4	9	16	25	36	49	64	81	100	121
平方冪積 それまでの和	1	5	14	30	55	91	140	204	285	385	506

（答）

（P.80は略）各自よく読み考えよう。

5 和算発展と三大特徴 （96ページ）

（写算について）

　これは，565×23＝12995
という掛算の方法で，別名鋪地錦，格
子掛算，鎧戸法などとよばれ，現在の
縦書き方式以前は，欧米でも最もよい
計算法とされていた。

　右のように縦，横の数を掛けて表(格

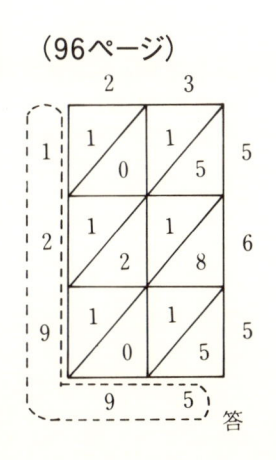

子）に数をうめていき，斜めの線の方向（同じ位）の数字を加えて答を求める。

（中国の分数）

[五] $\frac{12}{18}=\frac{2}{3}$　　[六] $\frac{49}{91}=\frac{7}{13}$　　[七] $\frac{1}{3}+\frac{2}{5}=\frac{11}{15}$

[六]のあとで約分という用語が出ている。古い言葉である。

（算額の問題）

まず，この円錐台の体積を求めるために，まず円錐の高さを求める。右の図から，

$x:2=(x+12):6$

$6x=2x+24$

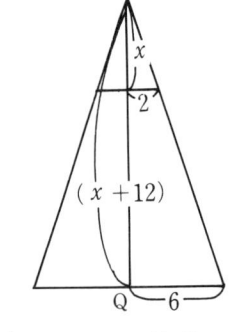

$4x=24$　　∴ $x=6$

これより，円錐の高さ18尺，底面の半径6尺より体積は，

$V=\frac{1}{3}\times \pi \times 6^2 \times 18$

$=216\pi$（立方尺）

相似な立体では，体積比は相似比の3乗に比例するので，上部の円錐は全体の円錐の体積の $\left(\frac{1}{3}\right)^3=\frac{1}{27}$

よって円錐台は　$1-\frac{1}{27}=\frac{26}{27}$

これより円錐台の体積は　$216\pi \times \frac{26}{27}=208\pi$

いま，右の図のように，体積を二等分したとき，それぞれの円錐台の高さを y，$(12-y)$　とすると，それぞれの円錐台の体積は，

$208\pi \div 2=104\pi$

アミ点の部分の円錐台では，下底の円の半径は，相似比　$6:2=(6+y):AB$　より

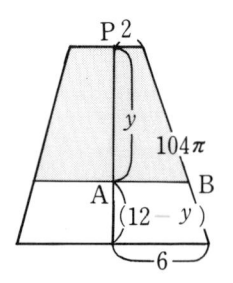

$AB = \dfrac{6+y}{3}$　これより次の方程式ができる。

$$\left\{\dfrac{\pi}{3}\left(\dfrac{6+y}{3}\right)^2(6+y) - \dfrac{\pi}{3}\cdot 2^2 \cdot 6\right\} = 104\pi$$

$$\dfrac{\pi}{3}\left\{\dfrac{(6+y)^3}{9} - 24\right\} = 104\pi$$

$$(6+y)^3 = 3024 \quad 6+y \fallingdotseq 14.5$$

よって　$y \fallingdotseq 8.5$　　　　　答　上底円から8.5尺で切る

❻ 奇人・変人の和算家逸話　(102,108ページ)

＜詰将棋＞（P.102）

詰手順

一　3四桂，同歩，3三金，同桂
二　4一飛，5二玉，5三香，同玉
三　4四飛成，同玉，4五香，同香
四　3五金，5五玉，3三馬，同香
五　6七桂，6五玉，7六角，6四玉
六　7三銀，5三玉，4三金
七　（以上23手）

（その1）　鶴を x 頭とすると，亀は $(100-x)$ 頭だから

$$2x + 4(100 - x) = 272$$
$$2x + 400 - 4x = 272$$
$$-2x = -128$$
$$x = 64$$

答 $\begin{cases} 鶴　64頭 \\ 亀　36頭 \end{cases}$

（注）　亀を y 頭とし，次の連立方程式を解いてもいい。

$$\begin{cases} x+y=100 \\ 2x+4y=272 \end{cases}$$

雉兎算では雉を x 羽とすると，兎は $(35-x)$ 羽

これより $2x+4(35-x)=94$

$2x+140-4x=94$

$-2x=-46$

$x=23$

答 $\begin{cases} 雉 & 23羽 \\ 兎 & 12羽 \end{cases}$

（その2） 天狗の数を x とすると熊は $(77-x)$ なので，

$2x+4(77-x)=244$

$2x+308-4x=244$

$-2x=-64$

$x=32$

答 $\begin{cases} 天狗 & 32人 \\ 熊 & 45頭 \end{cases}$

（その3）

実際に7番目，7番目，…を除いていくと，1〜14の順で除かれる。そして甲から右へ5人目(乙)が残り，それが「かくれ坊」の鬼になる。

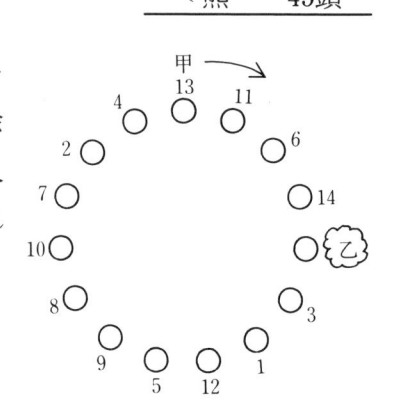

7 和算から洋算へ （126ページ）

（変形薬師算）

はしたの1を5倍し，20を加えて，25とする。

一般に，正 n 角形で，これを1列に並べたとき，最後の1列が n 個だけ不足する。この列の碁石の数を r 個とすると，

一列の碁石の数 $= r+n$

碁石の総数　$= n(r+n-1) = nr+n(n-1)$

になるから，加える数は $n(n-1)$ 個である。

正五角形の場合では　$5(5-1) = \underline{20}$　を加える。

（十不足）　まず問題文の意味を，普通の文にしよう。

お金か碁石9つを相手に渡し，そのうち好きな数だけ手に握らせる。こちらからも何個かもちだし，そのうちからそちらが持っているのと同数だけもとにもどす。そして「その残りのうち，相手が持っている石をたして十になるだけ，そちらに差し上げ，まだあと3個だけ残るようにしてみよう。」

こういって，こちらから碁石をいつでも13個だけ握って出すのである。12持っていたら「2つ余らそう」といえばいい。

方法がわかったら，ためしてみよう。

（鶏，狗，章魚の事）

鶏 x 羽，狗 y 匹，章魚 z 匹とすると，次の連方方程式ができる。

$$\begin{cases} x+y+z = 24 \\ 2x+4y+8z = 102 \end{cases}$$

これは不定方程式なので無数の解があるが，この場合はすべて正の整数値なので有限個（7種類）である。

答

鶏	狗	章魚
1	21	2
3	18	3
5	15	4
7	12	5
9	9	6
11	6	7
13	3	8

（和歌）

　　里遠く　道も　さみしや　一つ家に

　　　　　夜毎に白く　霜や満ちなむ

〔第14話〕（P.158）

① キュースの口　他人の話に，横から口を出すこと。
② ユデた卵　卵がかえって雛にならない，から，出掛けた人が帰らない。
③ あげ潮のごみ　あげ潮で浜に上ったごみが引き潮でとり残されることから，何かをみんなでやっていて，みながいなくなっても一人でやっていて捕まる動作の遅い人。（左上図）
④ 菜葉のこやし　昔は野菜に人糞を肥料として使ったが，これを「かけ肥え」といい，転じて掛け声ばかりで何もしない人のこと。
⑤ 梅干の種　芽が出ない，ということから出世などうまくいかないこと。
⑥ タコのふんどし　足がたくさんあってふんどしをどうしてよいかわからない。
⑦ 羽織のひも　羽織のひもは胸にあることから，ワカッテイル（承知）ということを意味する。
⑧ 内また膏薬（こうやく）　内またに膏薬をはると，歩くたびに右足，左足にくっつくことから，あっちにつきこっちにつく人のことをいう。

〔第16話〕（P.162）

いま，2数 $3i$ と $2i$ を比較すると，大，小は次のいずれかである。

$$\begin{cases} 3i > 2i \longrightarrow i > 0 & ① \\ 3i = 2i \longrightarrow i = 0 & ② \\ 3i < 2i \longrightarrow i < 0 & ③ \end{cases}$$

①と仮定すると，$i > 0$ で両辺を2乗すると $-1 > 0$ となり矛盾する。

②と仮定すると，2乗すると $-1 = 0$ で矛盾する。

③と仮定すると，$i < 0$ で両辺を2乗すると $i^2 > 0$ より $-1 > 0$ となって矛盾する。　　　　　　　　　　（以上略証）

よって i には正負がなく，大小が考えられない。

〔第18話〕（P.165）

（例1）加法では $\frac{2}{7}$，$\frac{3}{7}$ はそれぞれ $\frac{1}{7}$ が2個，3個なので，合わせると5個だから $\frac{5}{7}$

乗法では横 $\frac{2}{7}$，縦 $\frac{3}{7}$ の長方形と考えると，その面積は，

$$\frac{2}{7} \times \frac{3}{7} = \frac{6}{49}\left(=\frac{2 \times 3}{7 \times 7}\right)$$

（例2）横書きの式にすると，

5.87 ÷ 1.3 = 4.5 余り 0.02

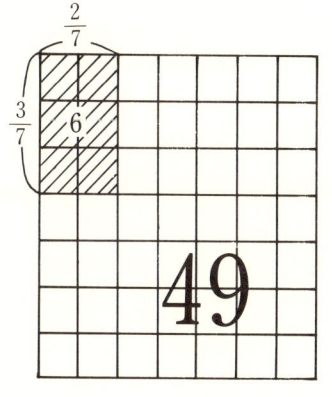

〔第20話〕（P.170）

硬貨の向きは(1)。回転の硬貨と固定の硬貨がそれぞれ半回転するから。

コロが1m進み，板が1m進むので，石は2m進む。

〔第21話〕（P.172）

$\sqrt{2}$ は　一夜一夜に一見頃（いよいよ兄さん）

$\sqrt{3}$ は　人並みにおごれや

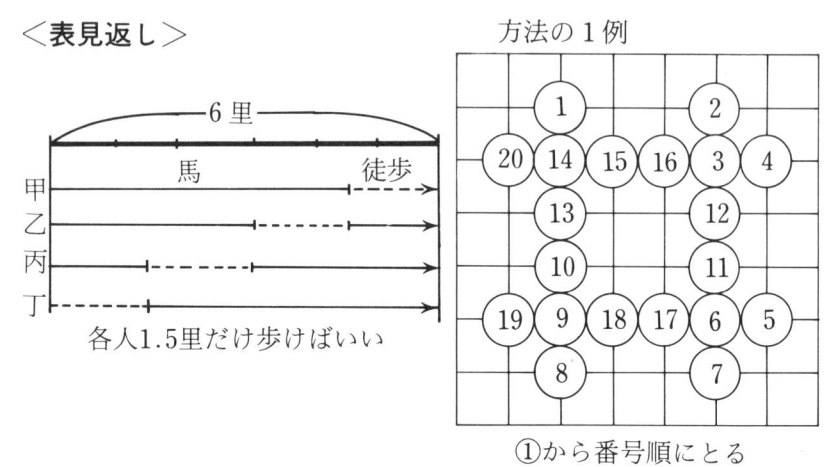

＜表見返し＞

方法の１例

― 6里 ―

甲
乙
丙
丁

馬　　　徒歩

各人1.5里だけ歩けばいい

①から番号順にとる

〔一口話〕浮世絵師北斎と広重

江戸後期の風景版画・浮世絵師で対照的な２人に，
　葛飾北斎（1760〜1849）『富嶽三十六景』
　安藤広重（1796〜1858）『東海道五十三次』
がいた。
　前者は，遠近透視図法を応用した構図。
　後者は，ボカシ手法の印象派的な作。

広重

著者紹介

仲田紀夫

1925年東京に生まれる。
東京高等師範学校数学科，東京教育大学教育学科卒業。（いずれも現在筑波大学）
（元）東京大学教育学部附属中学・高校教諭，東京大学・筑波大学・電気通信大学各講師。
（前）埼玉大学教育学部教授，埼玉大学附属中学校校長。
（現）『社会数学』学者，数学旅行作家として活躍。「日本数学教育学会」名誉会員。
「日本数学教育学会」会誌（11年間），学研「みどりのなかま」，JTB広報誌などに旅行記を連載。

NHK教育テレビ「中学生の数学」（25年間），NHK総合テレビ「どんなもんだいQテレビ」（1年半），「ひるのプレゼント」（1週間），文化放送ラジオ「数学ジョッキー」（半年間），NHK『ラジオ談話室』（5日間），『ラジオ深夜便』「こころの時代」（2回）などに出演。
1988年中国・北京で講演，2005年ギリシア・アテネの私立中学校で授業する。

主な著書：『おもしろい確率』（日本実業出版社），『人間社会と数学』I・II（法政大学出版局），正・続『数学物語』（NHK出版），『数学トリック』『無限の不思議』『マンガおはなし数学史』『算数パズル「出しっこ問題」』（講談社），『ひらめきパズル』上・下『数学ロマン紀行』1～3（日科技連），『数学のドレミファ』1～10『数学ミステリー』1～5『おもしろ社会数学』1～5『パズルで学ぶ21世紀の常識数学』1～3『授業で教えて欲しかった数学』1～5『ボケ防止と"知的能力向上"！ 数学快楽パズル』（黎明書房），『数学ルーツ探訪シリーズ』全8巻（東宛社），『頭がやわらかくなる数学歳事記』『読むだけで頭がよくなる数のパズル』（三笠書房）他。
上記の内，40冊余が韓国，中国，台湾，香港，フランスなどで翻訳。

趣味は剣道（7段），弓道（2段），草月流華道（1級師範），尺八道（都山流・明暗流），墨絵。

東海道五十三次で数学しよう　－"和算"を訪ねて日本を巡る－

2006年12月25日　初版発行

著　者	仲　田　紀　夫	
発行者	武　馬　久仁裕	
印　刷	株式会社　チューエツ	
製　本	株式会社　チューエツ	

発　行　所　株式会社　黎　明　書　房

〒460-0002　名古屋市中区丸の内3-6-27　EBSビル　☎052-962-3045
　　　　　FAX052-951-9065　振替・00880-1-59001
〒101-0051　東京連絡所・千代田区神田保町1-32-2
　　　　　南部ビル302号　☎03-3268-3470

落丁本・乱丁本はお取替えします。　　　　　ISBN4-654-00934-5
©N.Nakada 2006, Printed in Japan

仲田紀夫著
授業で教えて欲しかった数学（全5巻）
学校で習わなかった面白くて役立つ数学を満載！

A5・168頁　1800円
① 恥ずかしくて聞けない数学64の疑問
疑問の64（無視）は，後悔のもと！　日ごろ大人も子どもも不思議に思いながら聞けないでいる数学上の疑問に道志洋数学博士が明快に答える。

A5・168頁　1800円
② パズルで磨く数学センス65の底力
65（無意）味な勉強は，もうやめよう！　天気予報，降水確率，選挙の出口調査，誤差，一筆描きなどを例に数学センスの働かせ方を楽しく語る65話。

A5・172頁　1800円
③ 思わず教えたくなる数学66の神秘
66（ムム）！おぬし数学ができるな！　「8が抜けたら一色になる12345679×9」「定木，コンパスで一次方程式を解く」など，神秘に満ちた数学の世界に案内。

A5・168頁　1800円
④ 意外に役立つ数学67の発見
もう「学ぶ67（ムナ）しさ」がなくなる！　数学を日常生活，社会生活に役立たせるための着眼点を，道志洋数学博士が伝授。意外に役立つ図形と証明の話／他

A5・167頁　1800円
⑤ 本当は学校で学びたかった数学68の発想
68ミ（無闇）にあわてず，ジックリ思索！　道志洋数学博士が，学校では学ぶことのない"柔軟な発想"の養成法を，数々の数学的な突飛な例を通して語る68話。

仲田紀夫著　　　　　　　　　　　　　　　　　A5・159頁　1800円
若い先生に伝える仲田紀夫の算数・数学授業術
60年間の"良い授業"追求史　一方的な"上手な説明授業"に終わらない，子どもが育つ真の授業の方法を，名授業や迷授業，珍教材の数々を交えて紹介。

表示価格は本体価格です。別途消費税がかかります。